KB260195

선생님!
발명스토리텔링
들려주세요

이희경 · 이춘식 저

정진출판사

　발명가라는 직업이 있다. '도대체 저런 아이디어는 어떻게 생각해 냈을까?' 누구나 한 번쯤은 이런 질문을 한다. 발명한 것이 한두 개가 아닌 발명가의 경우 너무나 쉽게 발명을 하는 것처럼 보이기도 한다. 그럴 때는 '나도 발명이라는 것을 할 수 있을까?' 자문해 보기도 한다.

　어느 날 갑자기 발명가가 되는 사람은 없다. 관심을 가지고 유심히 관찰하고, 관련해서 알아볼 것에 대해 최대한 알아보고, 이런저런 시도를 하고, 그러다 제대로 작동되는 새로운 것을 만들게 되고, 여기서 느끼는 성취감이 동기가 되어 새로운 에너지로 솟아오르고, 다시 관찰하고 알아보고 만들어보는 일련의 활동을 반복하다가 어느새 발명가가 되어 있는 자신을 발견하게 된다.

　대단한 관찰력, 관찰할 때의 집중력, 현재의 상태에서 진전된 상태로 나아가는 간격을 메우는 데 동원하는 학습력, 학습할 때의 집중력, 떠오르는 아이디어를 토대로 새로운 무언가를 만들 때의 집중력 등등 발명을 하려면 많은 능력이 필요하다. 이 능력은 정확히 말하면 능력군이다. 이 능력군은 발명을 반복하는 과정에서 점점 더 복합적인 양상을 띠게 되고, 포함된 능력은 향상된다. 이 능력의 향상에 학습이 절대적으로 필요하고, 그 학습에 조력하는 교수가 필요하며, 이러한 학습과 교수 활동이 어우러져 이루어지는 교육은 특정한 시기와 장소에 국한될 수 없다는 점을 깨달은 이희경 교수는 발명을 평생교육의 맥락에서 이해하고, 더 나아가 발명을 평생교육의 맥락에서 조망할 것을 역설하였다.

발명가는 발명에 나선 이후 지속적으로 발명하는 일에 헌신하고, 이 과정에서 학습의 끈을 결코 놓지 않고, 어디서도 누구에게도 도움을 받기 어려운 상황에서는 자기 학습에 매진하고, 자신이 알게 된 것과 발명한 것을 다른 사람들에게 전하는 노력도 게을리하지 않는다. 발명가는 발명의 가치를 스스로 체험했기에 그 가치를 공유하고 싶은 동기를 갖게 되고, 이를 실현하려는 노력의 일환으로 '발명하는 활동'을 소재로 가르치는 일에도 나서는 것이다.

즉, 발명가 자체가 평생학습인이며, 학습만이 아니라 교수에도 참여한다는 점에서 평생을 학습하고 교수하는 삶을 반복하는 평생교육인이라고 할 수 있다.

발명이 무엇인지 알지 못하고, 발명을 어떻게 하는 것인지 경험해 보지도 못한 사람에게 어떻게 발명의 가치를 전할 수 있을까? 이것은 발명가의 고민이기도 하지만, 발명을 교육의 주제로 다루고, 발명에 대한 담론을 교육의 소재로 다루고자 하는 교수자의 고민이기도 하다. 요컨대, '발명교육'을 염두에 두고 그 교육을 구체적으로 어떻게 할 것인지에 대해 고민하는 것이다.

발명가에 의해 발명이라는 것이 주목을 받기는 하지만, 발명에 대한 담론을 하나의 교과로 체계화하여 가르치고 배우는 교육에 주목하기 시작한 것은 비교적 최근이다. 발명을 하는 사람이 발명을 하는 것에 대해 가르칠 수는 있다. 그러나 발명을 하는 사람이 발명을 하는 것에 대해 잘 가르치는 것이 보장되는 것은 아니다. 이 점에서 발명을 하는 것과 발명을 하는 것에 대해 가르치는 것은 다른 일이고, 그만큼 다른 전문성이 요청되는 일이다. 발명이라는 것에 대해 많이 알고 있는 사람이 발명이라는 것에 대해 가르칠 수는 있다. 그러나 발명이라는 것에 대해 많이 알고 있는 사람이 발명이라는 것에 대해 잘 가르치는 것이 보장되는 것은 아니다. 이 점에서도 발명이라는 것에 대해 많이 아는 것과 발명이라는 것에 대해 가르치는 것은 다른 일이고, 그만큼 다른 전문성이 요청되는 일이다.

이희경 교수는 발명의 경험이 있고, 발명하는 것에 대해 가르친 경험이 있고, 이제 더 나아가 발명하는 것에 대해 가르치는 일을 잘하도록 가르치는 시도를 하고 있다. 이것은 '발명교육에 대한 교육', 일종의 '메타교육'을 시도하는 것이다. 발명과 발명교육에 대한 오랜 경험이 있고, 이에 대해 지속적이고 체계적으로 성찰해 온 이희경 교수이기에 이러한 메타교육의 시도가 가능하다고 본다.

발명에 대해 가르치는 경우 실제 프로젝트를 수행한 사례를 다루는 것이 도움이 된다. 발명에 대해 어떻게 가르칠지에 대해 가르치는 경우에는 실제 프로젝트를 수행하는 방식으로 수업을 진행한 사례를 다루는 것이 도움이 된다. 이것은 교육의 장면에서 익숙한 장면이기도 하다.

이희경 교수는 '발명교육'에 '스토리텔링'을 새롭게 접목시키고 있다. 즉, '발명에 대한 스토리텔링을 발명교육의 과정에 포함시키는 것'이다. 새로운 발명에 대한 아이디어를 어떤 계기로 가지게 되었고, 그 아이디어를 새로운 발명으로 전환시키기 위해 어떤 노력을 했는지에 대한 이야기가 가능하고, 이 이야기는 발명이란 어떤 것이고, 발명은 어떻게 하게 되는지 이해하는 데 도움이 된다.

무엇보다도 이러한 스토리텔링은 발명이라는 것에 대해 전혀 모르는 사람들에

게 그들의 눈높이에 맞게 쉽게 다가가는 길이기도 하다. 이야기의 성격상 상상을 자극한다는 점에서도 스토리텔링은 상상으로부터 창출되는 교육 효과가 있다.

발명교육에 대한 교육은 교수자의 입장에서는 발명에 대해 가르치는 활동을 어떻게 하면 더 잘할 수 있을지에 대한 지속적이고 체계적인 학습의 토대 위에서 발명에 대해 가르치는 활동 자체에 대해 실제로 잘 가르치는 역량을 발휘하는 것이다. 이러한 실행은 전적으로 발명에 대해 잘 가르치기 위해 학습자로 참여하고 있는 예비 교수자의 학습에 조력하는 데 초점이 있다.

나는 개인적으로 '발명교육학'이 '교육학'의 '분과학문'의 하나가 될 수 있다고 본다. 발명을 둘러싸고 진행되고 있는 엄청난 규모의 가르침과 배움에 주목하고, 그 세부 사항을 드러내고, 이를 자료로 하여 논의를 진전시키게 되면 교육에 대한 학술적 담론도 더 풍부해질 수 있고, 교육의 실제로부터 드러나는 교육에 대한 인식의 지평도 확대될 수 있다. 이희경 교수가 개척해 나가고 있는 발명교육의 여정을 응원하며, 교육학자의 한 사람으로서 그 여정을 시작해 준 이희경 교수에게 이 자리를 빌어 감사의 인사를 전한다.

이제 독자 여러분은 발명교육에 대한 교육이라는 새로운 메타교육의 세계에 초대를 받았으니, 스토리텔링으로 풀어내는 이 세계에서 펼쳐지는 지적 향연을 즐기시기를 바란다.

2018. 3. 7

국가평생교육진흥원장 윤여각

　발명을 교육하는 사람이라면 누구나 가지는 고민이 있다. 어떻게 하면 알기 쉽고 효과적으로 발명을 가르치고, 창의력을 높일 수 있을까? 누가 무엇을 발명했는데 그것은 오늘날까지 많은 사람들이 애용하고 있고, 그래서 그것을 발명한 사람은 크게 성공하였다는 판에 박힌 이야기로는 공감을 끌어내기 어렵거니와, 그것으로 인한 감동은 그리 오래가지 못한다. 그렇다고 사례중심 교육보다 딱히 더 좋은 방법도 없다. 그래서 다들 고민하는 것이다.

　어찌하여 겨우 발명에 발을 들여놓고 뭔가를 구상하다 보면 또 난관에 부딪히게 되는데, 아이디어를 구현하기 위한 기술이 만만찮기 때문이다. 기술개발에서 실패하게 되면 좋은 아이디어는 꽃을 피우지 못하고 사장되고 만다. 그렇다고 발명이 전적으로 기술의 영역에 속하는 것은 아니다. 발명은 상상을 현실로 바꿔주는 것이니까 기술개발 이전에 상상과 미래에 대한 그림이 먼저 있어야 하기 때문이다. 발명은 꿈과 현실이 조화를 이뤄야 하고, 꿈을 현실로 바꾸기 위한 기술과 집념이 있어야 가능하다.

　발명에 대한 이런 고민들을 해결하는 방법이 없을까 하는 차에 이 책을 만나게 되었다. 이 책은 한마디로 기술과 인문학의 비빔밥이다. 발명의 어려움을 스토리텔링이라는 훌륭한 인문학 기법을 사용하여 해결한 것이다.

　인간을 이야기하는 동물이라고 한다. 우리는 하루 종일 이야기하며, 한시도 쉬지 않고 상상한다. 심지어는 꿈속에서도 우리는 이야기를 지어낸다. 이야기는 인

간의 정보처리방식 중에서 가장 강력하며, 스토리텔링은 본능적인 욕구라고 해도 과언이 아니다.

그래서 발명을 스토리텔링과 연결하는 것은 너무 당연해 보이지만 사실 아무도 그렇게 하지 못했다. 이 책의 저자들은 획기적인 발명교육 방법을 발명한 것이다. 저자들은 벌써 몇 년 전부터 스토리텔링의 교육 효과에 대해 주목하고, 꾸준히 실증적인 연구를 해오고 있었다. 이 책은 그런 노력의 열매이다. 발명가를 꿈꾸는 청소년부터 발명지도사가 되려는 전문가에 이르기까지 일독을 권하는 바이다.

좋은 책을 읽는다는 것은 기분 좋은 일이다. 그런 점에서 굳이 에디슨 같은 발명가를 꿈꾸지 않아도 이 책은 일독해 볼 만하다. 발명의 흥미진진한 스토리 속으로 빠져드는 것만으로도 아드레날린이 뿜어져 나오고, 온몸이 짜릿해지기 때문이다.

2018. 3. 7

한국지식재산교육연구학회 회장 최연성

최근 산업과 교육 전반에 걸쳐 이슈인 4차 산업혁명은 소프트웨어와 데이터를 기반으로 한 인공지능, 빅 데이터, 사물인터넷(IoT), 클라우드, 3D 프린팅, 자율주행자동차 등으로 지능 디지털 기술변환에 의한 혁명을 말한다. 이러한 관점에서 미래교육의 주안점은 미래세대가 행복한 삶을 추구하기 위한 진로 선택의 방향을 설정하는 것이다.

어떻게 진로를 선택할 것인가?

세계경제포럼은 2020년에는 500만 개의 일자리가 로봇으로 대체될 것으로 예측하며, 우리나라도 초등학생들이 성인이 될 2030년경에 현재 직업의 50%가 사라질 것으로 예측된다. 이러한 4차 산업혁명시대의 진로교육의 포인트는 창의성이다. 즉, 4차 산업혁명시대의 인재상과 미래교육의 핵심은 디지털로 대체 불가능한 인간의 창의성을 최대한 발휘할 수 있는 아날로그적 감성을 자극하는 콘텐츠에 있을 것이다.

　이번 출간된 "선생님! 발명스토리텔링 들려주세요"는 바로 학생들의 창의적 상상력과 아날로그적 감성을 자극하는 교재라 할 수 있을 것이다. 일상생활에서 마주치는 소재들을 이용하여 스토리텔링 형식으로 풀어가는 참신한 구성이 돋보이는 책이다. 또한 본 책에는 이에 대한 구체적인 사례들이 제시되고 있으며, 학생들에게 발명교육을 체계적으로 교육시킬 수 있도록 구성되어 있어 일선교사들에게 큰 도움이 될 것이다.

2018. 3. 7
서울교육대학교 발명교육대학원 홍영식 교수

지금까지 학교 교육에서 발명교육은 방과 후나 동아리 수준에서 가르쳐 왔습니다. 그러다 정규 교육과정을 통해 발명교육이 정식으로 시작된 것은 2007 개정 교육과정에 따른 중학교 기술·가정 교과에서부터입니다. 즉, 기술 영역의 '기술의 세계'에서 '기술과 발명'이라는 단원이 포함되면서부터입니다.

기술 교과에 발명 내용을 편성하면서 2007 개정 교육과정이 적용되기 시작한 2010년부터 실질적으로 학교에서 학생들에게 가르치기 시작하였고, 이후 2009 개정 교육과정이 고시되면서 초등학교 실과에서도 '기술과 발명의 기초'라는 단원이 신설되었으며, 중학교 기술 교과에서는 '기술과 발명' 단원이, 고등학교 기술 교과에서는 '기술 혁신과 발명'이라는 단원이 편성되면서 초·중·고등학교에서 공히 발명교육이 본격화된 셈입니다.

그 이후 '발명교육활성화법 시행령'(2017.9.15.)을 통해 이제는 공교육 밖의 청소년을 포함하여 누구나 발명교육을 배울 수 있는 제도가 마련되었습니다. 발명교육은 이제 생활 속에서 기술과 접목되어 생활에서의 발명, 기술에서의 발명을 실천하는 생활 과학 교육이라고 할 수 있습니다.

어떻게 하면 좀 더 쉽게 발명교육을 가르칠 수 있을까?

어떻게 하면 좀 더 쉽게 발명교육을 배울 수 있도록 할 것인가?

이런 질문을 해결하려는 것이 본 저자진의 고민이었습니다. 그리고 그 마음을 바탕으로 연구를 거듭하여 이 책을 집필하게 되었습니다.

본서는 발명교육을 시작하고자 하는 교사나 학부모, 앞으로 발명교육 지도자로 활동하고자 하는 모든 선생님들에게 바치는 글입니다.

　발명교육을 어떻게 할 것인가? 이에 대한 길을 찾기 위해 발명교육 교수·학습법을 새롭게 개발하게 되었습니다. '스토리'라고 하는 쉬운 인문학에서 시작하여 생활 과학 교육으로 이끌어 내어 발명교육의 길을 열어 보았습니다.

　초등 교육의 교수·학습 과정에서 사용되고 있는 프로젝트 수업 방법을 위주로 교수·학습을 실시하여 '생활 과학 교육의 저변화'를 이루어 나가고자 합니다.

　'발명스토리텔링'은 공학과 인문을 연결하는 하나의 무지개다리입니다.

　본서 1장에서는 발명스토리텔링과 수업 사례를 기록하여 발명스토리텔링을 이해하도록 하였으며, 2장에서는 발명스토리텔링과 발명교육, 3장에서는 발명스토리텔링 프로젝트 수업에 관한 내용을 다루었고, 4장에서는 발명스토리텔링의 효과를 정리하며 마무리하였습니다.

　본서가 평생교육으로서의 발명교육에 그루터기 역할을 하고 안내자 역할을 할 수 있기를 희망하며, 발명교육자로서 꿈을 갖는 모든 이들에게 본서를 바칩니다.

2018년 3월 5일
저자 일동

목 차

제1장 발명스토리텔링과 수업 사례

제2장   발명스토리텔링과 발명교육

제3장 발명스토리텔링 프로젝트 수업과 상황극

제4장. 발명스토리텔링 효과

1

발명스토리텔링과 수업 사례

발명스토리텔링은 '발명스토리'를 '스토리텔링으로 전하다'라는 의미를 가진 새롭게 탄생된 발명교육 과목의 이름이라 할 수 있습니다.

본서를 집필하면서 제1장에 발명스토리텔링과 수업 사례를 넣은 이유는 새롭고 낯선 과목에 대해 이 책을 읽는 누구나 쉽게 발명스토리텔링을 이해하고 발명교육을 하고자 하는 학부모나 선생님들이 사례를 통해 발명교육을 쉽게 지도할 수 있도록 돕기 위함입니다.

제1장에 기록된 14개의 발명스토리들은 필자가 직접 발명하게 된 발명스토리와 기존에 이미 나와 있는 발명 사례들을 '발명스토리텔링'이라고 하는 틀에 맞추어 전개함으로써 발명을 이해하도록 하였습니다.

자, 그럼 발명교육을 위한 첫발을 내딛기 위해 함께 발명스토리 속으로 들어가 보도록 하겠습니다.

발명스토리텔링

1. 빅토리, 빅토리아 발명스토리텔링(캐릭터 발명)

4차 산업과 더불어 직업 분야에도 다양한 변화가 나타나고 있습니다. 앞으로 직업의 변화는 더 빠르게 이루어질 것입니다. 우리가 기존에 알고 있는 직업들이 없어지고, 지금까지 알지 못했던 새로운 직업들이 사회에서 필요로 하는 직업으로 나타나게 된다면 우리는 무엇을 준비해야 할까요?

여기에 직업의 변화를 빠르게 느끼고 있는 한 여인이 있었으니, 그녀의 이름은 영어 이름을 가지고 있는 빅토리아였습니다. 빅토리아는 청소년들의 진로 교육과 새로운 직업 분야의 교육을 가르치는 지도자였습니다.

'세계의 직업들을 살펴보면 매우 다양한데, 대한민국에는 아직도 직업에 대한 인식에 고정관념이 많아. 어떻게 하면 이 분야에 대해 새로운 정보와 도전을 제공하여 청소년들이 준비할 수 있도록 할 수 있을까? 2018년부터 중학교 자유학년제(초 · 중등교육법 제44조 3항)가 실시된다고 하는데 참 잘된 일이네.'

'그런데 이 일을 쉽게 알려 주어야 할 텐데 이를 알리기 위한 시스템 모두가 각 지역과 학교로 나뉘어 있어 학생들에게 알리기가 쉽지 않아. 좀 더 쉽게 내용을 전달할

수 있는 방법은 없을까?'

이렇게 청소년들의 교육과 다양한 정보를 쉽게 전달할 수 있는 방법을 찾던 중 대형 매장에서 놀라운 장면을 보게 되었어요.

"엄마, 나 이거 살래요."

"어, 그래. 그게 좋겠다."

아이는 엄마와 물건을 집어들고 계산대로 사라졌습니다. 그리고 또 옆에 지나가던 남자아이도 부모를 졸라서 같은 물건을 골라 드는 것이었습니다.

'어, 저게 뭐지?'

'남자, 여자아이 상관없이 모두 같은 물건을 고르네!'

'물건이 좋은가?'

빅토리아는 아이들이 부모와 함께 구입해 간 물건을 자세히 살펴보았습니다.

이유는 단 한 가지였습니다. 바로 캐릭터였습니다. 캐릭터 때문에 물건을 구입할 때 망설임 없이 너도 나도 구입하였던 것입니다.

'캐릭터가 이렇게 그 위력이 큰가? 가만있어 보자. 그리고 보니 우리나라는 애니메이션이 크게 성공한 사례가 없는데 오로지 '뽀로로' 하나가 성공한 것 같군.'

'외국의 캐릭터들을 한번 살펴볼까?'

이렇게 해서 알아보게 된 캐릭터 시장은 생각보다 매우 크고, 새로운 직업을 탄생시키는 어마어마한 자본 시장이었습니다. 일본의 경우에는 '도라에몽'을 비롯하여 '명탐정 코난' 등은 아주 오래된 애니메이션임에도 불구하고 지금까지도 어린이들과 청소년층의 사랑을 받고 있었습니다.

비결은 스토리였습니다.

애니메이션의 캐릭터에 스토리를 입혀 이것을 문화 산업으로 발전시킨 새로운 산업 시장은 새로운 직업들이 탄생하고 자본으로 성장, 발전하여 장기간의 자본 시장을 성장시키는 중요한 문화 산업 경제 효과를 누리고 있었습니다.

'와, 이렇게 좋고 쉬운 이야기들을 대한민국 청소년들에게 어떻게 알릴까?'

'어떻게 하면 이런 이야기를 쉽게 전달하지?'

빅토리아는 고민에 빠지게 되었습니다. 좋은 것을 알고 알려야겠지만, 방법의 문제에서 한계에 다다른 것이었지요.

'아하, 그거다. 눈에는 눈, 이에는 이.'

바로 캐릭터를 만들어 스토리로 전달하면 대한민국 어린이와 청소년에게도 어려운 이야기와 내용을 쉽게 전달할 수 있을 거야. '뽀로로'처럼 캐릭터를 만들어 이야기를 전하자.

빅토리아는 이렇게 해서 캐릭터를 개발하기 시작하였습니다. 그러나 캐릭터는 생각보다 쉽게 만들어지지 않았습니다. 매우 어려웠습니다. 하루가 지나고 몇 주일이 지나고 몇 달이 지나갔습니다. 시간이 지나면 자연스럽게 해결될 줄 알았던 캐릭터 형상은 도저히 나오지 않았습니다. 빅토리아는 새로운 방법으로 캐릭터 개발을 하기로 했습니다.

'참, 어렵네. 캐릭터 개발하는 것도. 이 세상에 쉬운 것은 하나도 없네.'

'어떻게 하면 좋을까? 시간이 지나도 해결은 안 되고……'

그러던 중 오래전부터 기록해 두었던 아이디어 노트와 다양한 자료를 정리하게 되었습니다.

'참으로 많은 자료들이 있네. 이런 그림도 내가 그려 두었었네.'

그렇게 자료들을 정리하며 내용들을 들여다보다 번쩍 아이디어가 떠올랐습니다.

'그래, 그거야. 캐릭터 모양을 그려 봐야 되겠다.'

　이렇게 해서 그리기 시작한 캐릭터는 오랜 시간 반복되어 수정 작업을 하게 되었습니다.

　캐릭터는 오랜 작업을 통해 완성하게 되었고, 그 이름을 '빅토리', '빅토리아'라고 정하게 되었습니다. 빅토리와 빅토리아는 이제 친구들에게 발명스토리와 새로운 직업 및 진로 상담을 해주는 좋은 친구로 여러분 곁을 찾아갈 것입니다.

2. 발명캐릭터디자인 노트 발명스토리텔링(디자인)

대한민국에는 지식재산을 관리하는 특허청이 있습니다. 특허청에서는 국내외 특허에 관한 모든 출원 및 등록 관리와 국민들에게 특허에 대한 지식재산 산업을 널리 알리고 지원하는 다양한 사업을 하고 있습니다.

그중 청소년을 위한 지원 사업의 하나로 매년 '청소년 발명 페스티벌'이 열립니다. 2017년에는 7월 21일(금)부터 23일(일)까지 서울 강남구 삼성동에 있는 코엑스 전시관에서 열렸습니다.

이 페스티벌에서는 청소년들의 발명 문화 확산과 이해를 돕기 위해 대한민국 학생 발명 전시회, 창의성 향상 게임, 로봇 체험, 드론 교육, 발명 특강, 학생 창의력 챔피언 대회 등 다양한 행사를 개최하였습니다.

2017년에는 많은 학생들과 학교 선생님들이 이 페스티벌에 체험 학습으로 참여하였습니다. 이렇게 많은 학생들이 발명을 통해 새로운 지식재산 산업을 이해하도록 하는 것은 매우 유익한 일입니다.

사라 선생님은 발명을 지도하며 청소년 발명 페스티벌에 여러 해 동안 참여하였습니다. 그런 과정 속에서 학생들에게 좀 더 전문적인 발명교육에 관한 연구 자료들이 필요하다는 것을 깨닫게 되었습니다.

'대한민국에는 발명교육에 대한 연구가 부족하고, 실질적인 교육서가 없으니 앞으로 더 많은 학생들이 발명 공부를 하게 될 때는 어떻게 해야 할까?'

'연구된 교육서가 필요할 텐데……'

이렇게 시작된 고민은 학생들을 지도할수록 더 많은 고민에 잠기게 되었습니다. 그러던 어느 날 문구점에 진열된 다양한 문구들을 보게 되었습니다. 초등학생들이 쓰는 노트 중에 국어 노트, 한자 노트, 영어 노트 등 다양한 노트들이 진열된 것을 보게 된 것입니다.

‘아, 저거다.’

‘발명노트를 만들어야 되겠다.’

‘그런데 발명노트는 너무 두꺼워. 고등학생 이상부터 쓰게 되고, 또 특수한 교과에서만 쓰게 되는 등 발명노트는 필요한 사람들만 쓰게 되니 누구나 쓰는 노트로는 알맞지가 않아.’

‘노트를 만들면 필요한 학생들은 사용하겠지만, 일반 판매하기에는 어려움이 있겠네. 이를 어떻게 해결해야 할까?’

그러던 어느 날이었어요.

독서 교육을 가르치는 선생님과 우연히 얘기하다 마인드맵이 독서 교육에 사용되고 있다는 것을 알게 되었지요.

“요즘 우리 독서 클럽의 아이들은 아주 재미있어 해요.”

“다양한 토론 수업을 하는데, 아이들이 생각 펼치기를 많이 하니 자기 생각을 말할 수 있어서 수다스러워졌어요. 그리고 아주 재미있어들 해요.”

“아, 그래요? 독서에서 생각 펼치기 수업은 아주 중요하죠.”

“어떤 방법으로 생각 펼치기를 하나요?”

“주로 마인드맵을 사용합니다.”

“아, 그래요! 좋은 생각이네요.”

이렇게 해서 사라 선생님은 독서 클럽에서 진행되는 생각 펼치기 활용 방법으로 마인드맵이 사용된다는 것을 알게 되었답니다.

그 후 얼마 지나지 않아 서점에서 유아 교육 자료를 찾던 중 프로젝트에 관한 다양한 책들을 접하게 되었습니다.

‘음, 유아 교육에서는 요즘 프로젝트 수업을 많이 하네.’

‘어, 유아 교육에서도 프로젝트 수업 시에 마인드맵을 사용하네.’

사라 선생님은 유아 교육에서 진행하는 활동 수업들이 프로젝트 수업으로 진행된다는 사례와 그 교육 중 생각 펼치기 수업으로 마인드맵이 활용된다는 것을 알게 되었답니다.

발명교육에서 ‘생각 꺼내기’ 수업은 ‘생각 펼치기’ 수업과 비슷했습니다. 그래서 이미 사용되고 있는 아이디어 창출법인 ‘마인드맵’을 사용하여 발명 수업에 사용할 수 있는 노트를 만들기로 결정했습니다. 그리고 또다시 고민을 하게 되었습니다.

‘마인드맵까지는 좋은데, 디자인을 어떻게 해야 할까?’

‘어렵네, 어려워.’

‘누구나 마인드맵을 활용할 수 있는 간단한 노트를 어떻게 하면 만들까?’

사라 선생님은 고민을 해결해 보고자 연구를 시작하게 되었습니다. 그리고 다양한 발명노트를 디자인하여 교육 현장 속에서 사용해 보며 학생들이 사용하기에 가장 적합한 발명노트를 적용해 보았습니다. 그러던 어느날 기쁨에 찬 박수를 치게 되었답니다.

“아하, 이거야. 이거!”

“문제의 답은 가장 간단한 곳에 있었어.”

그것은 바로 종이 한 장을 이용하여 주제 찾기와 마인드맵을 할 수 있는 공간을 나누는 것이었습니다. 그리고 아이디어를 스케치할 수 있는 공간을 만듦으로써 고민을 해결할 수 있게 되었습니다. 이렇게 해서 탄생한 것이 바로 ‘발명캐릭터디자인 노트’입니다.

이 노트는 6~7세 유치원 친구들부터 발명교육을 받는 모든 초·중·고등학생들과 대학생, 그리고 성인들까지도 누구나 쉽게 아이디어 발상을 할 수 있는 수업 자료로 활용되고 있답니다.

< 발명캐릭터디자인 노트 사용법 >

* 발명캐릭터디자인이란?
"캐릭터 디자인을 발명하다"의 뜻을 가지고 있습니다.

1.1면 – 발명캐릭터디자인 노트

2.2면 – 주제 적기 / 원 안에 주제를 적습니다.

3.3면 – 주제에 따른 연상되는 것을 스케치하여 봅니다.

(단어 또는 그림으로 표현하여 봅니다.)

4.4면 – 3면의 내용 중 1가지 선택하기.

스케치로 구체화하여 봅니다.

5.5면 – 디자인을 완성하여 봅니다.

6.6면 – 디자인노트 사용법.

발명캐릭터디자인
NOTE

〈발명캐릭터디자인 노트〉

3. 외벽 물받이 발명스토리텔링 (특허 제10-1379739호)

외벽 물받이 발명스토리텔링은 현재 벽크린산업이라고 하는 기업의 백종원 대표가 발명한 외벽 물받이(특허 제10-1379739호)에 관한 발명스토리입니다. 이 발명품은 건물 외벽에 빗물 자국 등으로 인해 더러운 얼룩이 생기며 건물 외벽의 깨끗한 인테리어가 오래가지 못하는 문제를 해결하고자 하는 아이디어에서 시작되었습니다.

자, 그럼 지금부터 우리 함께 발명스토리텔링을 통해 외벽 물받이 발명의 세계로 함께 들어가 볼까요?

대한민국 최초로 건물 외벽용 배수 장치 개발을 통해 외부 마감재를 개발한 외벽 물받이 발명품이 있습니다. 외벽 물받이 발명품은 우리 주변 어디서든 볼 수 있는 건물 벽면에 사용되고 있는 건축 자재랍니다. 건축물의 외면을 깨끗하게 유지할 수 있는 외벽 마감재로서, 바로 건물 외벽용 배수 장치 발명품이지요. 이 외벽 물받이 발명품이 어떻게 발명되었을까요? 그것은 바로 한 남학생이 청소년 시기에 겪은 진로 고민에서부터 이야기가 시작됩니다.

"아, 공부하기 싫다, 싫어. 왜 이렇게 공부는 재미없고 따분하고 지겨운 거야? 책만 보면 졸려서 죽겠네."

"너도 그러니? 나도 그래. 공부는 왜 그렇게 재미가 없지? 그런데 우리가 대학을 가려면 공부를 해야 하지 않겠니? 그게 문제다."

"그러게 말이야. 대학은 가야 하겠고, 공부는 하기 싫고……. 정말 고민이다. 고민이야."

종원이와 친구들은 공부가 하기 싫다고 말했지만, 사실은 진로 문제를 심각하게 고민하는 친구들이었습니다. 그래서 공부를 해야 한다는 것도, 대학을 가야 한다는 것도 알고는 있었지요.

어느 날 종원이는 방에서 고민을 하고 있었어요.

'아, 공부는 하기 싫고, 대학은 가야 하겠고, 이를 어쩐다?'

"종원아, 학교에서 기말시험 성적이 나왔다지? 결과가 어떠니?"

"아, 엄마. 묻지 말아요. 정말 짜증나."

'정말 고민이다. 고민이야. 내가 이제 곧 고등학교를 졸업해서 대학을 가거나 취직을 해야 하는데 내 진로를 어떻게 정해야 할지 고민이 된다. 나는 과연 무슨 일을 하면서 살지? 어떻게 살아갈까? 대학에는 꼭 가야 할까?'

엄마의 질문에 대답을 하지 않고 화만 냈지만, 사실 종원이는 많은 고민을 하고 있었답니다. 이렇게 진로에 대해 진지하게 생각하게 된 종원이는 어느 날 부모님께 자신의 결심을 고백하게 되었어요.

"아빠, 엄마, 드릴 말씀이 있습니다."

"그래? 우리 아들이 웬일이니? 그래 무슨 말인지 들어 볼까? 말해 보거라."

"우리 종원이가 할 말이라는 게 뭘까?"

"저 대학 안 갈래요."

"뭐? 뭐라고? 대, 대학을 안 가겠다고?"

"안 돼. 그건 또 무슨 소리니? 요즘 같은 세상에 대학을 안 가면 어떻게 취직해 살려고 하니? 안 된단다."

"저는 기술을 배우겠습니다."

아들의 성격을 알기에 아빠는 깊은 고민에 잠겼습니다. 그리고 어느 날 아들을 불러 얘기하게 되었어요.

"음, 결심을 했니?"

"여보, 무슨 소리 하려고 해요?"

"네. 저는 기술을 배우겠어요."

"그래. 그렇다면 열심히 할 다짐도 하였겠지?"

“네. 저는 아무래도 지금은 공부보다 기술을 먼저 배워 취업을 하는 게 좋겠습니다. 기술을 배우면 평생 직업을 가질 수 있어요.”

이렇게 해서 백종원은 고등학교를 졸업하고 진로를 선택할 때 기술학교를 들어가게 되었습니다. 그래서 기술 교육을 받게 되었지요.

‘와, 이렇게 재미있는 공부가 있다니 바로 이거야. 이렇게 생활 속에서 직접 필요한 공부를 하니 바로바로 사용할 수 있고, 돈도 벌고 얼마나 재미있어.’

백종원은 이렇게 기술 교육을 받으며 외벽과 관련된 건축 재료들을 다루게 되었답니다. 그러던 어느 날이었어요.

‘그런데 말이야, 왜 이렇게 건물 외벽은 더러운 거지? 이 빗물 자국만 없으면 건물 벽은 깨끗할 텐데 말이야. 너무 더럽단 말이지. 바로 빗물 때문이야. 그래. 그렇다면 빗물이 벽을 직접 흘러내리지 않도록 하면 어떨까?’

‘내가 이 문제를 해결해 봐야 되겠다.’

‘아하, 바로 이거야. 이렇게 비가 벽에 닿아도 흘러내리는 길을 만들어 주면 되는 거지. 바로 이처럼 말이지.’

이렇게 해서 종원이는 성인이 되어 기술을 배워 ‘외벽 물받이’라고 하는 새로운 제품을 발명하게 되었습니다. 그리고 대한민국 최초의 외벽 물받이 특허를 갖게 되었지요. 그 발명품은 건물 외벽을 깨끗하게 유지시켜 주는 훌륭한 건축 재료로 쓰이고 있답니다. 그리고 지금은 유치원, 어린이집 건물, 신축 건물, 아파트 등 다양한 건물에 외벽 물받이 특허품이 설치되어 건물을 깨끗하게 유지하는 데 쓰이고 있습니다.

창호 물받이 (특허 제 10-1096647호)

특징

- 가격이 저렴
- 누구나 시공가능
- 창틀과 벽면이 일치할 때 효과증대
- 방충망의 철망이 안쪽에 있을 경우 효과증대

외벽 물받이(A) (특허 제 10-1379739호)

특징

- 창틀과 창틀턱 방충망의 오염까지 완벽차단

외벽 물받이(B) (디자인 출원 30-2014-0017666호)

특징

- 창틀과 창틀턱 방충망의 오염까지 완벽차단
- 연결대와 마감패를 사용해 연결부위와 양끝마감이 깨끗함
- 창틀 상부에 설치하여 햇빛으로부터
  실리콘 보호 및 누수 예방 · 유리창 오염 예방

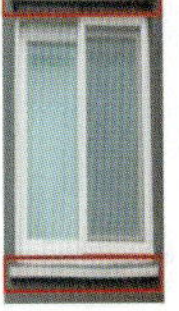

옥상 난간캡 (특허제10-1575604호)

특징

- 옥상의 양쪽면을 깨끗하게 보호
- 옥상의 크랙으로 인한 누수 예방
- 옥상의 테두리 커버로 인한 미관 효과

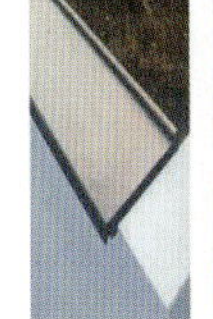

우수 물막이 (특허제10-1471520호)

특징

- 옥상위의 오염을 외벽으로 흐르지 않게 하여
  오염원인 근본 차단
- 간판 위에 설치하여 오염 예방

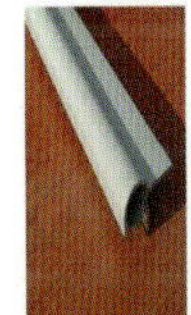

녹물받이 (디자인출원 30-2014-17669)

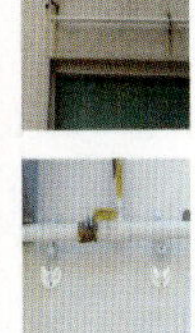

- 가스배관 · 난간앙카

환기통 물받이

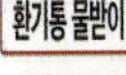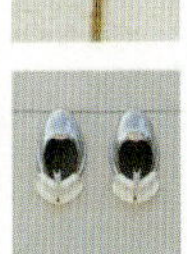

- 외부등 · 환기통

원 룸

아파트

보건소

어린이집

요양원

펜 션

벽크린 시공으로 인한 인테리어 효과

· 시공전 ·

· 시공후 ·

〈외벽 물받이 특허〉

4. 콘센트 구조체(회전 접지 단자 구조체) 발명스토리텔링

1994년, 청소년 시기를 지내는 한 소년이 있었습니다. 소년의 이름은 김희재라고 불렸습니다. 귀여운 외모와 조용한 성격을 가진 희재는 학교에서 크게 눈에 띄는 학생은 아니었습니다. 그렇게 청소년 시기인 중학교와 고등학교를 보내며 희재는 진로 고민을 하게 되었습니다.

'나는 커서 무슨 일을 하며 살아갈까?'

'내 성격이 조용하고, 남들 앞에 나서는 것도 좋아하지 않아. 그래서 어떤 일을 위해 대학 공부를 하는 것이 좋을까?'

'고민이다. 고민이야……'

희재는 그렇게 자신의 진로를 고민하며 공무원이 되기로 결심하였습니다. 어려운 가정 형편과 부모님이 어렵게 직장 생활을 하시는 모습을 보며 희재는 가장 안정된 직장이 공무원이라는 것을 알게 되었기 때문입니다.

안정된 직장과 평범한 일상, 따뜻한 집이 있는 평범한 가정을 갖는다면 모두가 가장 평범한 일이라고 생각하겠지만, 사실은 누군가에게는 평범한 일이 아니라 꿈속에서나 이룰 수 있는 생활이기도 하기 때문입니다. 그렇기에 희재는 공무원이 되어 평범한 가정, 평범한 생활, 따뜻한 집을 갖고 싶었습니다.

그래서 희재는 공무원의 꿈을 꾸며 대학에서 행정학을 공부하며 열심히 공무원 시험을 준비하였습니다. 학교를 다니면서 희재는 안정된 생활을 위한 직업으로서의 공무원과 자신의 내면에 있는 정말 하고 싶었던 '디자이너'라고 하는 이상적인 또 다른 꿈을 생각하게 되었습니다.

'내가 디자이너라는 직업을 갖지 않더라도 디자인 공부는 해볼 수 있지 않겠어?'

'그럼, 할 수 있지. 그래. 더 늦기 전에 디자인 학원을 다니면서 디자인 공부를 해두자. 후회 없이 말이야.'

이렇게 해서 시작된 디자인 배움의 길은 희재에게 생각지 않은 새로운 세상의 길을 열어주는 기회가 되었습니다. 왜냐하면 그곳에서 자신에게 일본어와 디자인을 함께 지도해 주는 선생님을 만나게 되었기 때문입니다. 희재는 디자인 학원에서 그 잠재적 능력이 나타났습니다. 그리고 누구보다 탁월하게 뛰어난 학생이 되었던 것입니다. 이후 선생님이 디자인 회사에 스카우트되어 인사 이동이 있을 때 희재도 함께 스카우트 되었습니다. 이후 희재는 디자인 업계의 새로운 세상을 맛보며 새로운 사업시장에 눈을 뜨게 되었고, 이후 창업을 통해 아주아주 큰 돈을 벌게 되었습니다.

하지만, 달콤한 행복은 그리 오래가지 못했습니다. 아직 20대인 젊은 희재에게 아주아주 큰 재산은 '복'이 아닌 '독'이 되는 일이 되었던 것입니다. 젊은 나이에 쌓은 재산을 노린 먼 친척의 사기로 인해 전 재산을 모두 잃게 된 큰 시련이 닥쳐온 것입니다. 이로 인해 희재는 절망과 낙망의 시간들을 보내며, 돈을 찾기 위해 해외에서 오랜 시간을 보내게 됩니다.

결국 남은 돈을 모두 쓰고 더 이상 외국에서 삶의 희망이 없게 되자 희재는 국내로 들어와 가장 힘겨운 삶에 다시 도전하게 됩니다. 그래서 시작된 그의 일터는 바로 건설업체에서 건물을 짓는 노동자의 생활을 하게 된 것이었습니다. 희재는 3년이 되어가는 노동자 생활 속에서 생각지 않은 일들을 보게 되었습니다.

"야, 인마. 조심해. 너 그러다 죽어."
"정말 깜짝 놀랐네. 이게 왜 이렇게 작동했지. 어휴 이렇게 콘센트가 바로 꽂히니 매우 위험했네."

“너 같은 신입은 전기를 잘 몰라. 그건 전기야. 한번 잘못 사용하면 바로 죽는다고. 그러니 모르면 물어보고 해.”

이제 막 들어온 막노동자에게 현장 감독자가 혼내는 이야기를 보고 들은 것입니다. 희재는 3년간 건설 현장에서 일하며 전기를 사용할 때 사용되는 ‘콘센트’를 보게 된 것입니다.

‘야, 저거 진짜 위험하고 중요한 것이구나.’

‘그동안은 내가 저런 것은 생각도 못했는데.’

‘안전 콘센트에 대한 디자인을 한번 해봐야 되겠다.’

이렇게 시작된 희재의 연구는 힘들고 오랜 시간이 걸렸습니다. 그러나 결국 희재는 안전하게 사용할 수 있는 안전 콘센트에 대한 다양한 특허를 갖게 되었습니다.

‘와, 이제야 드디어 완성되었다.’

‘이건 정말 대단한 발명이야. 이렇게 디자인 기능으로 콘센트를 만들어보니 새롭게 탄생되네. 안정성도 짱이고. 내가 봐도 내가 기특하네.’

‘하하하하. 해냈다. 해냈어.’

희재에게 있어 노동 현장은 삶의 가장 어려운 시간이기도 했지만, 반대로 새로운 삶을 꿈꿀 수 있는 장소가 되기도 했던 것입니다. 이렇게 하여 희재는 돈을 모아 ‘콘센트 구조체’라고 하는 특허를 3개나 내며, 안전 콘센트 영역에 있어 국내외 최고의 발명 특허를 소유한 사람이 되었습니다.

희재는 ‘콘센트 구조체’라고 하는 특허상품을 완성하여, 안전 콘센트가 필요한 모든 가정과 특별히 장애인이나 노인, 어린이가 있는 시설에서 사용되기를 꿈꾸고 있습니다.

〈콘센트 구조체〉

5. 타임 바코드 발명스토리텔링
(발명의 명칭 : 신선 식품의 유통기한을 체크하는 'Time-PLU' 시스템 발명)

여러분은 길을 지나가다가 목이 마르거나 배가 고프면 어디를 가나요? 우리 주변에는 길을 지나가다 편리하게 물과 식품을 구입할 수 있는 장소가 많이 있답니다. 바로 '편의점'이라는 곳이지요.

편의점은 현대판 만물상이라고 표현해도 부족하지 않을 거예요. 공간은 작지만 생활에 필요한 모든 물건이 거의 다 판매되고 있으니까요. 요즘에는 음료는 물론, 식품류까지 판매하고 있어 배고플 때 간식을 사 먹기에도 매우 좋은 장소로 인기를 끌고 있습니다.

수희는 길을 지나가다 배가 고파서 간식을 사기 위해 편의점으로 들어갔답니다. 그리고 식품 진열대로 향했지요.

"저, 이거 하나 주세요."

수희가 선택한 것은 도시락이었어요.

"네, 여기 있습니다."

"감사합니다. 또 오세요."

다른 식품 진열대에서는 삼각 김밥을 사 가는 아주머니가 있었어요.

"이거 계산해 주세요."

이렇게 편의점에서는 간편하게 식사 대용이 가능한 여러 도시락과 김밥류들을 팔고 있었습니다. 그런데 어느 날 ○○편의점 본사에 여러 지점의 사장들로부터 연락이 왔어요.

"저, 거기 본사지요?"

"네, 그렇습니다. 안녕하세요, 지사장님. 무슨 일이시죠?"

"이거 큰일 났습니다. 참 곤란한 일들이 자꾸 발생하고 있어요. 이를 어떻게 하지요?"

"분명히 유통 기한에 맞추어 판매한 식품인데도 손님들이 상한 식품을 판매했다고 불만을 제기해 오고 있어요."

"아, 어떤 제품입니까?"

"분명히 유통기한이 남아 있는 도시락만 판매를 했는데, 유통 날짜가 지난 도시락을 판매했다고 하면 날짜 지난 식품을 들고 오는 거예요. 저희는 그런 일이 없었는데 말이죠."

"본사에서 날짜가 지난 물건을 보내 준 것도 아니고, 저희가 참 어려움을 겪고 있습니다."

"그러시군요…… 그건 저희도 생각지 못한 일입니다. 해결 방법을 한번 생각해 보겠습니다."

며칠이 지났습니다.

이번에는 다른 매장의 지사장에게서 본사에 연락이 왔습니다.

"손님들이 자꾸 유통 날짜가 지난 식품을 팔았다고 와서 따지고 교환해 달라고 우기는 거예요."

"본사에서 유통기한이 지난 상품을 공급하지는 않았을 텐데, 아마도 쌓여 있는 식품 중에 유통 날짜가 지난 것들이 섞여 있었나 봅니다."

"유통 날짜를 읽을 수 있는 시스템이 있으면 좋을 텐데 말이죠. 참, 고민입니다."

○○편의점 본사에서 개발팀을 이끌어가는 남 팀장은 이렇게 여러 지점의 불편 사항들을 들으면서 고민에 잠기게 되었어요.

'아, 지점들의 생각지 못한 고민들이 있군.'

'이걸 어떻게 하면 해결할 수 있을까?'

'현재 식품에 있는 타임 바코드에도 유통 날짜가 적혀 있긴 하지만, 이러한 불만들

이 계속해서 올라오고 있으니 말이야.'

'좀 더 다른 방법을 찾아야겠다. 어떻게 하면 될까?'

'타임 바코드라, 음…….'

이렇게 오랜 시간 고민하면서 연구하던 남 팀장은 어느 날 타임 바코드를 보다가 번뜩 한 가지 생각이 떠올랐습니다.

'아! 그래. 그거야 바로!'

'타임 바코드처럼 바코드를 더 첨가하는 거야.'

'좋아, 그거라면 방법이 있을 수 있겠어.'

남 팀장은 개발 팀원들과 열심히 연구하게 되었어요.

"팀장님, 이건 정말 기발한 아이디어입니다."

"기존의 타임 바코드에 바코드를 하나 더 넣는 것이 완성되었나?"

"네, 완성되었어요."

"타임 바코드에 바코드를 하나 더 넣었을 때 날짜가 지난 것은 읽히지 않아요."

"그래, 바로 그게 내가 원하던 거야. 날짜가 지난 식품은 바코드가 읽히지 않아서 처음부터 판매가 되지 않도록 차단하는 것 말이야. 수고 많았네."

드디어 오랫동안 고민해 오던 식품 유통기한 내 판매 문제를 해결한 '신선 식품 유통기한 체크 시스템(Time-PLU 시스템)'이 탄생된 순간이었습니다.

신선 식품의 유통기한을 체크하는 'Time-PLU 시스템'은 삼각 김밥이나 김밥 등 일일 배송으로 신선도를 유지해야 하는 식품군에 적용되며, 유통기한이 지난 식품이나 상품들은 계산대에서 바코드 스캔이 원천적으로 차단되도록 개발한 시스템이었습니다. 이는 판매자의 실수를 방지하고, 소비자에게는 신선 식품에 대한 신뢰와 믿음을 심어 주기 위해 노력한 회사의 발명품이라고 할 수 있습니다.

6. 야광 볼 발명 스토리텔링

(발명의 명칭 : 발광 장치와 발광 장치 수납 홈을 구비한 비치 볼)

직장을 다니느라 늘 바빠서 아이들과 함께 놀아 주지 못하는 아빠들이 많습니다. 주중에는 놀아 주지 못해도 주말이나 여름휴가 때가 되면 아빠들은 그래도 노력을 하지요. 자녀들과 함께 놀아 줄 수 있는 시간을 만들려고 말입니다.

여기에 직장을 다니고 있는 한 사람이 있었으니, 평소에 놀아 주지 못하다가 어쩌다 한번 공놀이를 함께 해 주다가 비치 볼을 발명한 주인공이랍니다. 우리 함께 그 현장 속으로 가 볼까요?

어느 더운 여름날이었습니다.

원 아저씨는 아이들을 데리고 함께 인근 운동장으로 축구를 하러 가게 되었습니다.

"아빠가 차는 공 잘 받아."

"자, 여기 간다." 뻥!

"자, 갑니다." 뻥!

함께 공을 차는 아들은 아빠와의 힘찬 공차기 놀이에 신이 났습니다.

어느덧 해가 뉘엿뉘엿 넘어가고 있었습니다.

해가 넘어가자 앞이 어두워 공은 잘 보이지 않았습니다.

"공, 조심히 차. 잘 안 보인다."

"여기 있어요, 아빠. 잘 받으세요." 뻥!

어, 그런데 공이 사라졌네요. 어디로 갔을까요?

해가 져서 앞이 잘 보이지 않아 공이 사라진 방향만 보던 원 아저씨는 그만 아들이 찬 공이 어디로 날아갔는지 놓치고 말았습니다.

주변을 한참 둘러보며 찾던 중 잔디 숲 안쪽에 놓여 있는 공을 찾게 되었지요.

'날이 어두워지니 더 이상 공을 찰 수가 없네.'

'밤에도 재미있게 공을 차며 놀 수 있는 방법이 없을까?'

'지금은 가로등이 구석마다 있긴 하지만 공까지 보이지는 않고……. 가로등도 없는 곳이 더 많고…….'

원 아저씨는 공을 쳐다보며 생각에 잠겼습니다.

그렇게 집으로 돌아온 원 아저씨는 공에 대한 미련을 떨쳐버릴 수가 없었습니다.

'내가 우리 아들과 노는 것도 어쩌다 노는 건데 말이야. 평일에는 시간이 저녁밖에 안 되고, 또 주말에는 피곤해서 낮에 많이 놀아 주지도 못하고…….'

아들을 향한 미안한 마음에 밤에도 놀 수 있는 방법을 고민하던 어느 날, 회사에서 동료들과 이야기하며 퇴근하는 길이었습니다.

"자네는 아이들과 언제 놀아 주나?"

"아, 그야 주말이나 휴가 때 놀아 주지. 뭐 평일에 놀아 줄 수 있나? 없지, 없어."

"그래 맞아. 나도 피곤해서 평일에는 자식하고 놀아 준다는 생각은 하지도 못해. 집에 가면 어둡고, 야외에서는 놀이를 할 수도 없고 말이야."

"자네도 그러한가? 나도 그래. 그래서 나 고민이 생겼어."

"고민? 자네도 그런 걱정을 하나? 와, 자네 참 좋은 아빠네그려. 허허허."

"그런가? 하하하. 그렇게 생각해 줘서 고맙네."

"그 고민이 뭔지 궁금한데?"

"아들 녀석과 밤에 공차기하다가 고민이 생겼어. '밤에도 공을 찰 수 있는 방법이 없을까' 하고. 이게 내 고민이라네."

이렇게 시작된 원 아저씨의 고민은 오랫동안 이어지게 되었습니다. 그리고 밤에도 놀 수 있는 공을 만들어내야겠다는 생각에 이르게 되었습니다.

'아무리 찾아봐도 밤에도 놀이를 할 수 있는 공은 이 세상에 없네……. 좋아, 그렇다면 내가 한번 만들어보는 거야.'

원 아저씨는 그때부터 연구를 시작하게 되었습니다. 그리고 우연히 밤하늘을 쳐다

보다가 둥글게 떠 있는 달을 보았습니다.

"아, 바로 저거야, 저거! 내가 찾던 답은 말이야. 하하하하하."

원 아저씨가 찾아낸 방법은 무엇일까요? 바로 공을 달처럼 환하게 빛나게 하는 방법이었습니다. 그런데 공을 달처럼 밝게 빛나게 만들기 위한 맨 처음 시도는 실패하고 말았습니다. 그 이유는 보름달 같은 공을 만들 소재가 야광 물질밖에 생각나지 않았기 때문입니다.

야광 안료와 본드를 구입하여 섞은 후 축구공에 반들반들하게 칠을 하였는데, 야광 칠한 축구공을 전등불에 쬐어 빛을 축척한 다음 어두운 곳으로 가져가 보니 황금 덩어리 같은 빛을 발하며 정말 환상적인 공이 되었습니다. 그러나 그것은 오래가지 않았습니다. 10분 정도 지나자 공에 축척된 빛이 거의 모두 발산되어 서서히 공이 보이지 않았기 때문입니다.

이렇게 실패를 거듭하였지만, 마침내 원 아저씨는 공을 달처럼 밝게 빛나게 하는 방법을 발명하게 되었습니다. 바로 LED 전구를 사용하는 방법이었습니다. LED 전구를 공 속에 넣어 달처럼 지속적으로 밝게 빛나도록 한 것이지요. 이렇게 완성된 제품은 오늘날 많은 사람들이 밤에도 사용할 수 있는 놀이용품으로 큰 인기를 끌고 있답니다.

7. 빠지지 않는 볼트 발명스토리텔링
(발명의 명칭 : 건식 앵커 볼트)

일반적으로 우리나라 사람들은 스스로 고치고 만드는 데 익숙하지 않은 생활 패턴을 보이고 있습니다. 왜냐하면 우리나라는 부품을 제공하여 스스로 완성하도록 하는 조립형보다 완성품으로 판매하는 상품이 많기 때문이지요.

다행히 20세기에 들어오면서 많은 상품이 조립형으로 나오기도 하고, 조립형 상품을 선보이는 수입 상품들이 늘어나기는 했지만, 우리나라의 현실에 비추어 보면 일반 대중은 조립형보다 완성된 상품을 구입하는 편입니다.

그러나 조립형 가구로 성공한 한 기업이 있었으니 그 이름은 '이케아(IKEA)'[1]라는 가구 회사입니다. 이 회사는 스웨덴의 시골 마을에서 한 청년에 의해 시작된 1인 기업이었습니다. 스웨덴의 독일 이민자 3세였던 창립자 잉바르 캄프라드(Ingvar Kamprad)는 17세가 되는 1943년에 아버지가 주신 용돈으로 잡화점을 내서 판매하는 것으로부터 시작하여 점차 가구 영역으로 사업을 확대해 나갔던 것이지요. 그는 가구를 판매할 때 그 판매 대상 공략을 젊은 층으로 시작하였고, 가격은 저렴하게, 그리고 누구나 손쉽게 완성할 수 있는 제작 방법을 이용하여 판매를 시작하였습니다.

여기서 우리가 생각해 볼 것이 있어요.

바로 '제작과 조립'이라는 것인데요. 여러분이 이해하기 쉬운 용어로 표현하면 바로 'DIY'[2]라고 하는 것이지요. 어때요? DIY에 적용해 보니 이해가 빨리 가지 않나요? 우리나라 사람들의 생활 습관에 비추어 보면 '조립', '제작'이라는 단어는 일반적으로 사용하는 단어가 아니라 남자들이 주로 하거나 필요한 사람들만 하는 작업으로 이해

---

1) 잉바르 캄프라드 엘름타리드 아군나리드(Ingvar Kamprad Elmtaryd Agunnaryd)'의 약자. 잉바르 캄프라드는 창업자의 이름이며, 엘름타리드, 아군나리드는 회사가 처음 시작된 스웨덴 남부 지역의 농장과 마을 이름이다.
2) Do it Yourself의 약자로 가정용품의 제작, 수리, 장식을 자신이 직접 하는 것을 말한다.

되고 있어요. 하지만 DIY라는 영어를 우리말로 풀이해 보면 쉽게 이해가 가고, 누구나 할 수 있다는 생각을 갖게 한답니다.

DIY는 스스로 제작, 수리, 장식하는 것입니다. 이케아는 이렇게 기존 가구에 스스로 제작할 수 있는 방식을 접목하여 상품의 제작 비용을 낮추었고, 누구나 쉽게 나사로 조립하여 가구를 완성할 수 있도록 하여 오늘날 세계적인 대기업으로 성장하였답니다.

우리나라에도 이와 같은 분야에 도전한 한 발명가가 있었으니 바로 '건식 앵커 볼트'를 발명한 엄관호 씨입니다.

1980년대부터 '디자인 그룹 둥지'란 상호를 가지고 옥외 광고 사업을 하던 엄관호 씨는 건물 바깥에 부착하는 다양한 광고물을 부착하는 일들을 하였습니다.

"이봐, 자네. 거기 조금 기울어졌어. 반듯이 세워야 해. 안 그러면 글자가 삐뚤어져 보여."

"이젠 되었습니까?"

"응, 그래 이젠 바로잡혔네. 고정하고 내려와."

"네, 알겠습니다."

직원이 건물 바깥에 광고판을 고정하기 위해 볼트를 돌렸습니다.

"드르르륵, 드르르륵."

"수고 많았네."

"별말씀을요."

"우리 이번에 일거리가 또 들어왔어."

"공장을 짓는 일인데 건식으로 지어질 예정이래."

"네, 그러면 어렵지 않겠네요. 시간도 많이 들지 않고."

"이제 2000년대에 접어들면서 우리나라 건물들도 점점 건식으로 가지 않을까 싶어.”

이들의 예상은 그대로 적중하였습니다.

우리나라도 점차 건식 공법[3]을 활용해서 짓는 건물들이 더 많아진 것이지요.

그런데 문제는 여기서부터 시작되었습니다.

“자네, 잘 되어 가나? 글쎄 나는 이 볼트가 고정이 잘 안 되네.”

“저도 그렇습니다. 이거 큰일이네요.”

습식 공법[4]을 활용한 건축물에서는 일반 앵커 볼트[5]로도 사용 가능했으나, 건식 공법을 활용한 건축물에는 일반 앵커 볼트가 맞지 않았던 것입니다.

“이를 어쩐다? 왜 건식에 필요한 볼트는 없는 거야.”

“이렇게 해서는 안전한 시공을 할 수가 없어. 나사가 빠져 버리면 큰일이잖아.”

“무슨 좋은 방법이 없을까?”

이렇게 해서 엄관호 씨는 건식 공법에 꼭 필요한 '건식 앵커 볼트[5]'를 만들어 보아야겠다는 꿈을 갖고 연구에 돌입하게 되었습니다. 그리고 오랜 시간에 걸쳐 연구와 수많은 실패를 거듭한 끝에 드디어 최고의 건식 앵커 볼트를 완성하게 되었답니다.

---

3) 건축용어로, 돌을 붙일 때 물을 사용하지 않고 벽면에 철물을 붙이고 철물에 나사나 연결 철물 등을 사용하여 돌을 거는 방식을 말한다.
4) 모르타르(시멘트와 모래를 혼합하여 물로 이긴 것)를 벽면에 바르고 그 위에 돌을 붙이는 방식의 공법을 말한다.
5) 구조물과 기초 부분을 연결하기 위해 이용하는 볼트. 볼트가 뽑혀 나가지 않도록 밑부분이 구부러져 있다. (출처 : 토목용어사전)

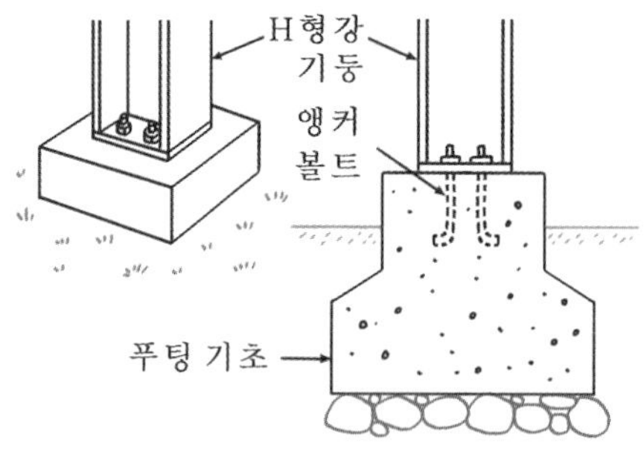

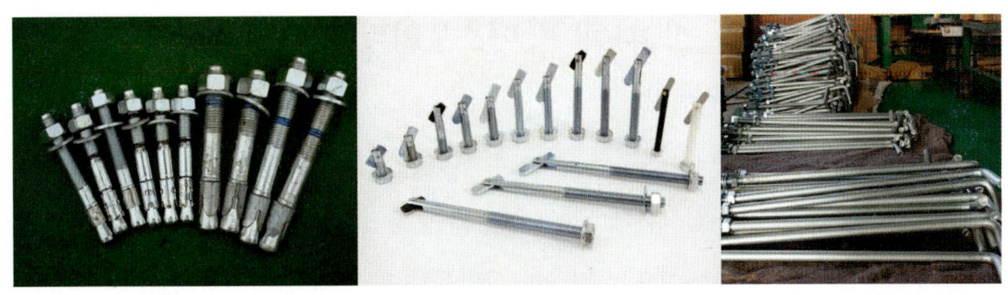

〈건식 앵커 볼트〉

　　바로 여러분이 보는 사진처럼 말입니다. 이 건식 앵커 볼트는 철물이나 합판으로
이루어진 건축물에서도 볼트가 빠지지 않아 시공 시 안전하게 사용할 수 있다는 큰
장점이 있답니다.

8. 안전하게 여는 캔 따개 발명스토리텔링
(발명의 명칭 : 안전 캔 따개)

경찰 간부 후보생으로 입사하게 된 이승준 씨는 경찰이 된 후 여러 가지 사회 문제와 함께 112 신고를 통해 들어오는 위급한 상황들을 많이 겪게 되었습니다.

그러던 어느 날이었습니다.

"여보세요? 거기 경찰이지요? 심하게 손을 다쳤어요. 도와주세요!"

전화기 너머로 비명 섞인 여성의 목소리가 들려왔습니다. 위급한 상황이었습니다.

"우선 마음을 가다듬으시고, 지혈을 하고 계십시오. 곧 119가 도착할 것입니다."

"네, 피가 막 떨어지고 있어요. 빨리 좀 와주세요!"

여성은 다급한 목소리로 손에서 피가 떨어진다고 소리치고 있었습니다.

나중에 119를 통해 알아보니 여성이 통조림 캔 뚜껑을 따다가 캔의 날카로운 가장자리에 손을 베어 큰 부상을 당하게 되었다는 소식이었습니다.

사람들은 대부분 통조림 캔을 따면서 안전사고의 위험성에 대해서는 크게 인식하지 않고 있습니다. 그러나 캔에 손을 베이는 사고는 심심치 않게 발생하는 생활 속의 안전사고 중 하나였습니다.

한국소비자원의 보도 자료[6]에 따르면 원터치 캔으로 인한 안전사고가 매년 증가하고 있다고 합니다. 위해 사고 70건 중 68.4%가 캔을 개봉하는 과정에서 다치고, 환자의 84.3%는 봉합 수술까지 받았다고 합니다.

경찰이라고 하는 직업에 자부심을 가지고 늘 정의감에 불타는 자세로 업무에 임하던 이승준 씨는 이번 사건을 통해 원터치 캔의 위험성을 줄일 수 있는 방법이 없을지 궁리하며 깊은 생각에 잠기게 되었습니다.

---

6) 한국소비자원 보도 자료 : 식료품 캔 관련 위해 사고 건수(2005년 60건 / 2006년 61건 / 2007년 115건 / 2008년 126건 / 2009년 153건 2010. 1. 14.)

‘생활 속에서 안전하게 캔을 딸 수 있었다면 이런 사고들이 발생하지 않았을 텐데…… 뭔가 좋은 방법이 없을까?’

이승준 씨는 농촌에서 자라던 어린 시절 기억이 떠올랐습니다.

“어머니, 제가 소에게 풀을 먹이고 올게요.”

“그래, 조심하렴.”

“네. 이쯤이야 문제없어요.”

“그래도 조심해. 낫은 매우 위험하단다. 날카로워.”

“알겠어요. 별일 아닌 걸로 잔소리를 다 하시네.”

어머니의 말씀을 귀담아듣지 않았던 그는 낫으로 풀을 베다 그만 낫에 손을 베이고 말았습니다.

‘아야, 손을 베었네…… 아, 너무 아프다.’

‘피가 많이 나네…….’

‘이를 어쩐다. 어머니에게 말하면 혼날 테고…….’

‘우선 붕대를 찾아 싸매자.’

어린 시절 풀을 베다 낫에 손을 베인 기억이 있었던 이승준 씨는 불의의 사고를 당하면 얼마나 당황스러운지 그 마음을 이해할 수 있었습니다.

그래서 원터치 캔 때문에 사고가 발생했다는 소식을 들을 때마다 마음이 매우 아팠답니다.

‘해결할 방법이 있을 거야. 손을 다치지 않고 캔을 따는 방법 말이야.’

이승준 씨는 시간이 날 때마다 원터치 캔을 들여다보게 되었습니다.

‘어떻게 하면 문제를 해결할 수 있을까?’

어느 날이었습니다. 갑자기 아이디어가 떠올랐습니다.

바로 지렛대 원리를 이용하는 것이었습니다. 평소 과학 원리에는 관심조차 없었던 이 경찰관 아저씨는 지렛대의 원리에 따라 손잡이의 받침점을 활용하면 해결할 길이 있겠다는 생각이 떠올랐습니다.

'그래, 바로 그거야. 지렛대 원리!'

'지렛대는 받침점만 있으면 작은 힘으로도 큰 힘을 발휘할 수 있고, 안전성도 확보할 수 있지.'

'손톱이 부러지거나 아프지 않도록 캔 따개 손잡이를 넣을 공간을 만들고, 손잡이를 눌러 위로 올리는 거야. 그러고는 손바닥 밑의 받침점을 이용해 당기도록 하는 거지.'

이렇게 해서 발명된 제품이 바로 '안전 캔 따개'랍니다.

〈안전 캔 따개〉

안전 캔 따개는 2013년에 대한민국 발명 특허 대전에서 동상을 수상하였고, 2014년에는 MBC '도전 발명왕'에서 발명왕으로 선정되기도 하였답니다.

9. 편리한 봉투 발명스토리텔링

지갑과 담배 케이스를 만드는 작은 공장을 운영하는 마시다라는 사람이 있었습니다. 당시는 합성수지가 막 개발된 시절이라 마시다가 운영하는 공장에서는 원통형 비닐 봉투도 만들어 팔고 있었습니다.

어느 날, 마시다 사장은 자기 회사 제품의 반응을 보기 위해 직원과 함께 시장조사를 하러 나갔습니다. 슈퍼마켓에 들어가 한참 돌아다니며 소비자들의 반응을 체크하고 있는데, 한쪽 구석에서 시끌시끌한 소리가 들려왔습니다. 한 손님이 물건을 산 후 계산을 하고 나가던 중 들어오던 손님과 부딪쳐 들고 있던 봉투 속의 물건들이 모두 쏟아져 버린 것입니다.

이 모습을 보게 된 마시다 사장은 원통형 비닐 봉투의 문제점을 생각해 보았습니다. 그가 고민하는 모습을 순서대로 적어 봅니다.

'봉투에 손잡이가 없어서 너무 불편해.'
'어떻게 해야 손잡이를 만들 수 있을까?'
'원통형 봉투의 모양을 바꿔 볼까?'
'아니면 손잡이를 만들어 붙여?'
'……'

그러나 도저히 문제가 해결되지 않았습니다. 너무 고민한 나머지 몸살이 날 지경이었습니다.

'손잡이 부분을 개선하면 한결 더 편리하게 사용할 수 있을 텐데…….'
하지만 아무리 생각해도 해결 방법이 떠오르지 않았습니다.
'손가락을 집어넣을 수 있는 손잡이…….'
마시다 사장은 '손잡이'라는 단어를 계속 떠올렸습니다. 그러던 중 번쩍하고 스치고 지나가는 생각이 있었습니다.

'그래! 봉투에 손가락을 넣어 잡을 수 있는 부분을 만드는 거야. 아하! V자로 봉투 입구만 잘라도 손으로 잡을 수 있는 공간이 생기는데 내가 왜 진작 그 생각을 못했지? 너무 어렵게만 생각하다 보니 그랬었군. 해답은 의외로 쉬운 곳에 있었어!'

마시다 사장이 해결한 원통형 손잡이가 있는 봉투는 그림과 같은 모양이었습니다.

그 이후 원통형 봉투는 묶어서 손으로 들고 다닐 수 있는 편리한 봉투로 변신하여 많은 사람의 사랑을 받았습니다.

그렇다면 지금 우리가 사용하고 있는 봉투의 모양은 누가 발명했을까요?

마시다 사장이 발명한 손잡이형 봉투가 나온 후 제법 시간이 흘렀을 때의 일입니다. 멋쟁이로 소문난 젠코라는 사람이 있었습니다. 어느 날 공원에서 친구들과 함께 만나기로 한 젠코는 음식을 담아 온 봉투의 모양을 보며 중얼거렸습니다.

"아니, 무슨 봉투 모양이 저래? 너무 멋이 없군. 그냥 원통형 봉투에 손잡이만 질끈 묶어 놓으니 보따리와 똑같이 생겼군."

  젠코는 봉투의 디자인이 영 마음에 들지 않았습니다. 그래서 좀 더 편리하고 세련된 모양이 없나 생각하게 되었습니다.

  '어디, 좋은 방법이 없을까? 사용하기 편리하고 모양도 예쁜 봉투 말이야.'

  이렇게 골똘히 생각에 잠겨 있던 젠코는 자기 앞을 지나가는 한 소년을 보았습니다. 날씨가 더운 탓인지 소년은 달랑 셔츠만 하나 입고 있었습니다. 젠코의 눈은 소년의 하얀 셔츠에 한참 동안 고정되었습니다.

  '셔츠가 참 시원해 보이네…….'

  그 순간 젠코의 눈이 둥그레졌습니다.

  "봉투, 셔츠……. 아하! 바로 그거야."

  이렇게 해서 만들어진 것이 바로 지금 우리가 사용하고 있는 비닐 봉투입니다. 젠코는 소년이 입고 있었던 셔츠 모양에서 봉투의 손잡이 문제를 해결했던 것입니다.

  어떻습니까? 발명은 어렵고 복잡한 것만 있는 것이 아닙니다. 이렇게 마시다 사장이나 멋쟁이 젠코처럼 순간적으로 스쳐 지나가는 아이디어를 실질적인 상품에 접목시키기만 해도 멋진 발명품이 탄생할 수 있습니다.

  실제로 많은 발명품이 아주 우연한 기회에 얻은 아이디어로 탄생했답니다.

10. 샴푸 발명스토리텔링

양털 세척액을 제조·판매하는 작은 기업이 있었습니다. 이 기업을 운영하는 사람은 다케우치 고도에라는 여성입니다. 제2차 세계대전이 끝나자 양털의 수요는 점점 늘어났고, 양털 세척액을 제조·판매하는 다케우치 사장의 공장도 매우 바빠졌습니다.

물자가 부족할 무렵이라 양털 세척제는 공업용으로만 팔 수 있었지만, 그렇다 해도 다케우치 사장은 아주 알차게 사업을 잘 꾸려 나갔습니다.

비록 작은 공장이었지만 회사의 대표이자 가정주부로서 두 가지 일을 동시에 감당한다는 것은 결코 쉬운 일이 아니었습니다. 하지만 다케우치 사장은 정말 열심히 일하는 여성이었습니다. 어느 것 하나도 소홀히 하는 것이 없었습니다.

그러던 어느 날, 다케우치 사장은 심한 몸살을 앓게 되었습니다. 너무 힘든 일과를 지속적으로 하다 보니 몸에 무리가 갔던 것입니다. 다케우치 사장은 자기가 하던 일을 남편에게 일부 넘기고 몸을 회복시켜야 했습니다.

어느 정도 시간이 지나자 다소 기력을 회복할 수 있었습니다. 그렇다고 평소와 같은 건강 상태는 아니었기 때문에 집에서 쉬면서 계속 요양을 하고 있었습니다.

하루는 목욕탕에서 물소리가 들려 그곳에 다가갔습니다. 아들이 딱딱한 비누로 힘들게 머리를 감고 있었습니다.

"아니, 애야. 무슨 머리를 그렇게 힘들게 감니? 거품이 잘 안 나니?"

아들의 머리를 대신 감겨 주면서 다케우치 사장은 속으로 중얼거렸습니다.

'양털도 물비누를 사용해서 쉽게 세탁하는데, 자기 머리를 이렇게 힘들게 감아서야 원…….'

아무 생각 없이 속으로 구시렁거리면서 아들의 머리를 계속 감겨 주던 다케우치 사장의 손동작이 갑자기 멈추었습니다.

'물비누?'

다케우치 사장의 얼굴이 굳어졌습니다.

아들의 머리를 다 감겨 주고 나서 그녀는 환한 웃음을 지으며 재빨리 발걸음을 옮겼습니다.

'그래, 바로 이거야. 때도 잘 빠지고 거품도 잘 이는 향기로운 물비누! 이거라면 사람들이 머리를 감을 때 아주 안성맞춤이지.'

다케우치 사장의 연구는 계속되었고, 몇 차례 실패 끝에 탄생한 것이 바로 지금 우리가 사용하고 있는 '샴푸'입니다. 다케우치 사장이 운영하는 공장은 샴푸를 발명한 이후 매우 튼튼한 중견 기업으로 성장하였습니다.

자, 어떻습니까? 아이디어는 저 멀리 있는 게 아니지요?

이렇듯 발명에는 다양한 에피소드와 재미있는 이야기들이 많이 있습니다. 공부를 하더라도 억지로 누가 시켜서 하면 재미없습니다. 스스로 노력하여 하나둘 알아가는 공부가 유익하고 재미있지요. 발명도 마찬가지입니다.

재미있으면서 유익하고 또 여러분의 뛰어난 창의력을 마음껏 펼칠 수 있는 것, 그것이 바로 발명이랍니다.

11. 미니스커트 발명스토리텔링

퀀트라는 디자이너가 있었습니다. 그녀는 아주 뛰어난 디자이너로 멋진 옷들을 많이 만들었습니다. 그러나 디자인이라는 것도 무한정 나오는 것이 아니라 자기 계발이 이루어지지 않으면 한계에 다다르게 됩니다. 즉, 새로운 모양의 디자인이 나오지 않는다는 것이죠.

디자이너의 생명은 계속 새로운 아이디어로 의상을 만들어 내는 것인데, 더 이상 아이디어가 떠오르지 않는다면 디자이너로서는 아주 치명적입니다. 퀀트도 그런 한계점에 다다랐을 때였습니다.

'아! 더 이상 새로운 아이디어가 나오지 않아. 도저히 떠오르지 않아. 어떻게 하면 좋지? 새로운 아이디어가 없으면 디자이너로서의 내 수명은 끝나고 마는데…….'

좌절감에 젖어 있던 퀀트는 끝없는 슬럼프에 빠져들었습니다. 아무리 고민해 보아도 아이디어가 떠오르지 않았습니다.

여러분이라면 어떻게 하겠습니까? 멋진 생각이 있다면 아이디어를 동원하여 퀀트를 도와주지 않겠습니까? 아래 빈칸에 여러분의 생각을 메모해 보세요.

여러분처럼 도와주는 사람이 있었다면 퀀트의 작업은 좀 더 수월했겠지요. 그러나 퀀트는 해결 방법을 스스로 찾을 수밖에 없었나 봅니다. 아무리 찾고 살피고 생각해 보아도 새롭게 선보일 작품의 아이디어는 떠오르지 않았습니다.

　때는 바야흐로 여름이었습니다. 당시 여성들은 긴 치마를 입었습니다. 전통적으로 그래 왔기 때문이죠. 그날따라 날씨가 무척 더웠습니다.

　'아, 덥다. 날씨도 덥고 땀까지 비죽비죽 나니 일도 잘 안 되네.'

　혼잣말로 푸념을 하던 퀸트는 주위에 사람이 없는 것을 확인하고 치마를 무릎 위까지 걷어 올렸습니다.

　'왜 치마는 꼭 길어야 하지? 무릎 위로 올리고 나니 한결 시원하네.'

　퀸트는 갑자기 하던 일을 멈추고 한동안 허공을 쳐다보았습니다.

　'……'

　'!!!'

　퀸트는 어떤 생각을 떠올린 것일까요? 아래에 여러분이 생각한 것을 적어 보세요.

　퀸트는 자신의 치마를 내려다보았습니다.

　'아니! 이렇게 좋은 것을 왜 지금까지 안 했던 걸까? 그래, 바로 이거야. 이거란 말이야. 이젠 해결됐다!'

　퀸트는 자신의 긴 치마를 과감히 잘라 버렸습니다. 이렇게 해서 탄생한 치마가 바로 미니스커트입니다. 긴 치마가 아무도 생각지 못했던 미니스커트로 변신하는 역사적인 순간이었습니다.

지금 이런 말을 하면 다들 웃겠지만, 사실 미니스커트가 만들어지던 시절은 좀 과장해서 비유하면 우리나라의 세종대왕 시절과 같았다고 보면 됩니다. 세종대왕 시절에 미니스커트를 입고 거리를 활보하였다면 사람들이 뭐라고 했을까요?

그래요. 미친 사람 취급을 받았겠죠. 퀀트가 바로 그 꼴이었습니다. 그러나 그녀는 과감하게 용기를 냈습니다. 시대를 이끌어 나가기 위해 도전장을 낸 것이죠. 그리고 새로운 디자인으로 미니스커트를 탄생시켜 시장에 내놓았습니다.

보수적인 나라 영국에서 미니스커트가 첫선을 보이자 반응은 가히 폭발적이었습니다. 긍정적인 여론과 부정적인 여론 모두 만만치 않았던 것입니다.

미니스커트는 여성들이 입는 옷입니다. 과거와는 전혀 다른 새로운 미니스커트는 날씬하고 멋진 여성들을 유혹하기에 충분한, 정말 매력적인 옷이었습니다. 미니스커트는 생각보다 빨리 여성들의 사랑을 받고, 영국뿐 아니라 전 세계를 휩쓸었습니다. 이렇게 미니스커트가 폭발적인 반응을 얻자 영국 정부는 퀀트에게 훈장까지 줄 정도였습니다. 국가 경제에 엄청난 도움을 주었다고 말입니다.

우리나라에서는 가수 윤복희 씨가 처음으로 미니스커트를 입고 들어와 엄청난 반향을 불러일으켰습니다. 이렇게 해서 우리나라에도 미니스커트의 역사가 시작되었습니다.

어때요? 멋지지요? 여성이라면 누구나 한번은 입고 싶어 하는 미니스커트가 이렇게 사소한 생각에서 시작되었다니 말입니다.

12. 롤러스케이트 발명스토리텔링

미국 매사추세츠주의 한 작은 가구 공장에 플림프턴이라는 영업 사원이 있었습니다. 플림프턴은 매우 성실하고 열정적인 사람이었습니다. 사람들은 그런 플림프턴을 많이 도와주었습니다. 플림프턴 역시 열심히 일함으로써 주위의 도와주는 사람들에게 보답했습니다.

어느 날이었습니다. 플림프턴은 아주 심한 몸살을 앓게 되었습니다. 직업상 너무 열심히 걸어다니다 보니 다리에 탈이 난 것이었습니다. 의사는 신경통이라고 했습니다. 젊은 사람에게 신경통은 흔치 않은 질병이지만, 몸에 무리가 가고 스트레스가 쌓이면 간혹 발생하는 질병 가운데 하나입니다. 흔히 나이 드신 분들이 이렇게 말씀하시지요.

"아이고, 뼈마디야."

뼈마디가 아픈 이유는 신경통 때문입니다. 여러분도 사용하지 않던 근육을 갑자기 사용하면 다음날 너무 아파 움직이지 못할 때가 있지요? 물론 신경통과 근육통증은 서로 다른 것이지만, 매우 아프다는 점에서는 같습니다.

플림프턴은 너무 아파 온종일 움직이지 못했습니다. 약으로도 음식으로도 휴식으로도 해결되지 않았습니다. 그런데 의사가 처방해 준 방법이 하나 있었습니다. '스케이트를 타면 조금 좋아질 수 있다'는 것이었습니다.

스케이트를 타고 나니 정말 효과가 느껴졌습니다. 점점 통증이 사라지는 것이었습니다. 이것을 계기로 플림프턴은 아예 스케이트 선수가 되기로 작정했습니다. 플림프턴에게는 스케이트가 최고의 스포츠이며 최고의 치료법이었던 것입니다.

그런데 겨울이 지나고 봄이 되자 얼음판이 녹아 더 이상 스케이트를 탈 수가 없었습니다. 플림프턴으로서는 아주 큰 고민거리였습니다. 스케이트 날을 대신할 것을 궁리해 보기도 했지만 쉽게 떠오르지 않았습니다.

'이대로 스케이트를 포기해야 하나? 난 스케이트가 없으면 안 되는데. 사시사철 스케이트를 탈 수 있는 신발은 없을까? 아무 데서나 자유롭게 계절에 구애받지 않고 탈 수 있는 거 말이야.'

그러나 아무리 고민을 해 보아도 방법은 쉽게 나타나지 않았습니다.

어느 날 집에 돌아와 쉬고 있을 때였습니다. 소파에 기대어 앉아 있는데 막내아들이 장난감 자동차를 타고 그에게 달려왔습니다. 한 발로는 바닥을 밀고, 다른 한 발과 몸은 장난감 차에 싣고 있었습니다. 장난감 차를 발로 구르며 아빠에게 신나게 다가오는 아들의 모습을 보는 순간, 플림프턴의 눈이 번쩍 뜨였습니다.

'그래, 바로 저거야, 바퀴! 신발에 바퀴를 달아 탈 수 있다면 언제 어디서나 계절에 구애받지 않고 스케이트를 탈 수 있지. 바퀴 달린 신발이라면 얼마든지 스케이트화를 대신할 수 있어.'

이렇게 문제 해결의 실마리를 찾은 플림프턴은 바퀴 하나로 온 세계를 석권하였습니다. 이것이 바로 오늘날 우리가 사용하는 '롤러스케이트'입니다. 요즘에는 '롤러블레이드' 혹은 '인라인스케이트'라고도 하지요.

이처럼 발명은 문제를 그냥 문제로만 놓아두지 않는 것에서 시작됩니다. 문제가 오히려 새로운 시작의 단초가 되기 때문입니다.

지금 여러분 앞에 닥친 난해한 문제들이 있나요? 그 문제를 문제로 놓아두면 영원히 문제로만 남아 있을 뿐입니다. 그러나 문제를 해결할 방법을 찾는다면 그것은 새로운 발명의 시작일 뿐 아니라, 플림프턴처럼 훌륭한 발명가가 될 수 있는 길이기도 합니다.

13. 농구대 발명 스토리텔링

1892년 1월이었습니다. 스프링필드의 한 대학신문에 아주 흥미로운 기사가 실렸습니다. YMCA의 체육 학교 연구원인 네이스미스가 투고한 글이 여러 사람의 주목을 받게 된 것입니다.

'여러분, 새로운 경기를 소개합니다.'

많은 학생이 이 기사를 보고 새로운 경기에 관심을 갖게 되었습니다.

"럭비나 축구만큼 재미있을까?"

학생들은 수군대며 체육관에 하나둘씩 모여들었습니다. 그러나 체육관에 준비된 것은 공과 둥그런 과일 바구니가 전부였습니다. 바구니는 높은 곳에 걸려 있었습니다. 이 모습을 본 학생들이 또 수군거렸습니다.

"아니, 이게 뭐야? 과일 바구니와 공이 전부라니!"

학생들의 얼굴에는 실망한 표정이 역력했습니다. 그러나 곧 네이스미스의 설명이 이어지자 모두들 진지해졌습니다.

"여러분, 이곳에 오신 것을 환영합니다. 지금부터 여러분에게 새로운 운동경기를 소개하고자 합니다. 이 경기의 이름은 바스켓볼입니다."

설명을 마치고 간단한 시범을 보이자 학생들은 모두 환호성을 질렀습니다. 바로 농구가 세상에 알려진 최초의 현장이었습니다.

네이스미스는 '농구'라는 스포츠를 만들기 위해 단순히 공과 바스켓만을 연결한 것이 아닙니다. 그는 체육 연구원으로서 계절에 따른 운동경기를 다양하게 연구하고 실험했습니다. 그러나 추운 겨울에 할 수 있는 운동은 너무 뻔했습니다.

'추운 겨울에도 마음껏 뛸 수 있는 종목이 없을까? 밖에서 하는 운동은 너무 추워서 한계가 있단 말이야. 실내에서 할 수 있는 운동이어야 하는데…….'

그는 늘 고민하였습니다.

‘실내에서 축구공을 가지고 놀 수도 없고……’

체육관에서 축구공을 굴리던 네이스미스의 시선이 옆에 놓여 있던 과일 바구니에 멈추었습니다. 그리고 조금 떨어진 거리에서 재미 삼아 공을 바구니에 집어넣어 보았습니다.

“슛!”

공은 의외로 쉽게 바구니에 들어갔습니다. 한 번, 두 번, 세 번…… 이렇게 여러 번 공을 던지다 보니 점점 흥미로워졌습니다.

‘어, 이거 괜찮은데?’

다시 몇 차례 더 시도해 보았습니다.

‘거리가 멀면 더 재미있지 않을까? 그래, 바구니를 높은 곳에 올려놓자.’

높은 곳에 있는 바구니에 공을 던지니 아까보다도 더 재미있었습니다.

“하하하.”

네이스미스의 입에서 함박웃음이 터졌습니다.

‘이거라면 될 것 같아. OK. That’s Right!’

이렇게 해서 지금의 농구 경기가 탄생하게 되었습니다.

농구는 실내에서도 할 수 있고 운동량이 많으며, 함께 어울리면서 경기를 즐기는 단체 경기입니다.

네이스미스에 의해 고안된 농구는 YMCA를 통해 세계 여러 나라에 선을 보이게 되었고, 1936년에는 베를린 올림픽 대회 정식 종목으로 채택되었습니다.

네이스미스는 농구 경기의 창시자로서 역사에 길이 남는 인물이 된 것입니다.

14. 훌라후프와 요요 발명스토리텔링

휴식은 매우 중요합니다.

일을 위한 재충전의 시간이 되기도 하고, 생각 정리의 시간이 되기도 합니다.

조그만 장난감 회사를 운영하는 루이 마크스라는 사람이 있었습니다. 회사의 규모는 작았지만 그는 매우 바빴습니다. 그래서 루이 마크스의 생활은 너무나 피곤하였습니다. 그러던 어느 날 마크스는 결심을 했습니다.

'그래, 결심했어. 이젠 좀 쉬었다 해야 되겠다. 이러다가는 도저히 다음 일들을 해 나갈 수가 없겠어.'

'아, 고민이다. 아이디어도 고갈되었다. 그래, 좀 쉬었다가 진행하자.'

그래서 마크스는 여행을 떠나기로 하고, 무조건 아프리카 여행길에 오르게 되었습니다.

물론 고생을 할 거라는 예상을 하고 작심하고 떠났습니다. 그런데 막상 아프리카에 도착하고 보니 아프리카는 생각 이상으로 힘든 곳이었습니다. 문명의 혜택을 받지 못한 곳이었기 때문에 매우 불편한 여행길이 되었습니다. 잠자는 곳도 화장실도 음식도 모두 불편하기만 했습니다.

마크스는 생각했습니다.

'우와, 여기는 내가 생각한 것보다 더 심하다. 도저히 상상할 수 없는 곳이야.'

그렇게 몇 날 며칠을 보내던 그는 가이드에게 아프리카의 다른 곳을 안내해 달라고 요청했습니다. 물론 휴식을 취하러 왔지만, 어디까지나 루이 마크스는 사업가였습니다. 어디를 가든, 무슨 일을 하든 새로운 아이디어를 염두에 두었던 것입니다.

한번은 원주민의 생활과 그들의 전통문화를 볼 기회가 있었습니다. 한참 동안 관광을 하고 나서 마크스는 자신의 휴식처로 돌아온 뒤 깜빡 잠이 들었습니다. 그때 밖에서 아이들의 웃음소리가 들려왔습니다. 잠을 깬 마크스가 밖을 내다보니 아이들 여럿이서 장난감을 가지고 놀고 있었습니다.

조그맣고 둥근 나무 조각에 끈을 끼워 조절하며 노는 놀이였습니다. 또 그 옆에는 둥글게 만든 나무줄기를 허리에 걸친 채 돌리는 아이들도 있었습니다. 마크스는 바깥으로 나갔습니다.

"얘들아, 그게 뭐니?"

비록 말은 통하지 않았지만 아이들은 손짓 발짓 몸짓을 해가며 설명하였고, 몇몇 아이들은 마크스에게 시범을 해 보였습니다. 둥근 나뭇조각에 줄을 달아 길이를 조절하며 노는 장난감과 나무줄기로 만든 둥근 원형의 장난감. 루이 마크스는 그 장난감들을 만지작거리다가 직접 해 보았습니다.

'재미있군! 이거라면 세계 어느 나라 어린이든 모두가 좋아할 것 같아!'

마크스는 이 장난감들을 가지고 귀국했습니다. 고국에 돌아온 마크스는 연구를 거듭하여 멋진 상품을 만들어 냈습니다.

이렇게 해서 탄생하게 된 것이 '요요'와 '훌라후프'랍니다. 낯선 문화 속에서 찾아낸 아이디어로 탄생한 상품이 전 세계를 휩쓸게 된 것이죠.

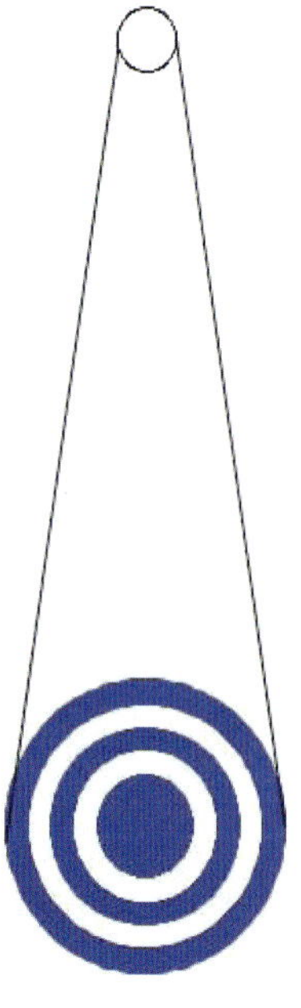

15. 아이디어로 발명한 사람들의 공통점 찾기

아이디어로 발명한 사람들의 이야기를 잘 읽어 보셨나요? 저는 그 사람들 이야기를 맨 처음 접했을 때 밤을 하얗게 지새운 적이 많았습니다. 너무 재미있었거든요. 그리고 아이디어와 과학 사이에는 밀접한 관계가 있다는 사실을 발명 일을 하면서 더욱 깊이 알게 되었습니다.

여러분이 지금 하고 있는 모든 공부, 그중에서도 특히 과학 공부는 발명과 매우 밀접한 관련이 있습니다.

공부를 누가 억지로 시켜서 하면 재미없지요? 그렇습니다. 지루하고 딱딱하고 어렵습니다. 그러나 공부가 어떤 것인가를 알기 위해 스스로 하는 것이라면 아마 여러분의 눈빛은 달라질 것입니다. 여러분이 공부를 단순히 공부로만 보지 말고 새로운 시각으로 볼 수 있기를 기대해 봅니다.

이와 마찬가지로 지금까지 예를 든 발명가들의 경험을 단지 이야기로만 듣고 끝낸다면 여러분에게는 아무런 유익함이 없습니다. 제가 아이디어에 대해 이야기하고 여러분에게 발명한 사람들을 소개하는 것은 다 그만한 이유가 있습니다. 여러분이 직접 해 보았으면 하는 마음에서입니다.

그러나 시작하기 전에 꼭 알아야 할 것이 있습니다. 그것은 먼저 생각을 전환해야 한다는 것입니다. 발명가들에게는 다음과 같은 특징들이 있었습니다. 여러분과 어떻게 다른지 한번 비교해 보세요.

▶ "왜?"가 항상 있었다

발명가들은 여러분과 별로 다를 바 없는 평범한 사람들입니다. 그렇지만 다른 점이 하나 있습니다. 사람들이 그냥 스쳐 지나가 버릴 수 있는 것을 이들은 놓치지 않았습니다.

"왜 그럴까?"

항상 '왜?'라는 의문을 가지고 문제를 바라보았습니다. 그리고 '어떻게?'라는 질문을 던져 스스로 해답을 찾으려고 노력했습니다.

▶ 불편함을 찾았다

이들은 불편한 부분을 보고자 노력했습니다. 대부분의 사람들은 어떤 것이 불편하다고 느낄 때에도 그냥 별생각 없이 지나쳐 버리는 경우가 많습니다. 좋은 아이템 하나를 그냥 놓치는 셈이죠. 그러나 성공한 발명가들은 어떤 불편함도 그냥 흘려버리지 않았습니다.

"어, 그거 매우 불편하네."

"이렇게 불편할 수가!"

"불편한 부분이 많은데……."

그들은 이렇게 불편한 것, 즉 단점을 찾고자 정성을 다했습니다.

▶ 문제를 해결했다

그리고 불편한 부분을 해결하기 위해 노력했습니다.

문제를 문제로만 본다면 부정적인 시각을 가진 사람입니다. 하지만 문제를 긍정적으로 생각해 본다면 긍정적인 사람입니다. 긍정적인 사람만이 문제 해결의 실마리를 찾을 수 있습니다.

문제는 해결하라고 있는 것입니다. 지금도 우리 앞에는 많은 문제가 놓여 있고 불편한 상품들로 가득합니다. 불편한 상품들은 새로운 아이디어를 만들 수 있는 계기를 제공해 줍니다. 그러므로 단점을 단순히 문제로만 볼 일은 아니지요.

앞에서 본 발명가들은 단점을 발견했을 때 그것을 놓치지 않았고, 자세히 살펴보고 분석했습니다.

► **시대의 흐름을 읽었다**

문제가 해결되지 않았다는 것은 현재의 결과입니다. 현재까지 해결되지 않았다는 것이지요. 이것은 거꾸로 그 단점을 극복한 상품이 나오면 새로운 시장이 열린다는 의미이고, 이는 미래의 시장을 내다볼 수 있는 눈을 제공합니다.

앞에서 보았던 루이 마크스가 요요와 훌라후프를 만들 수 있었던 계기는 무엇이었을까요? 아프리카 오지에서 얻게 된 아이디어 덕분입니다. 그곳에서 얻은 아이디어로 새로운 장난감을 만들어 내었고, 새로운 장난감 시장을 개척했습니다.

► **꾸준히 연구했다**

아이디어를 얻었다고 해서 모두 상품으로 탄생하지는 않습니다.

요요와 훌라후프도 초기 아이디어에 연구를 더해 태어난 상품이고, 샴푸도 사람들 실생활에 맞는 상품이 되기까지 많은 실패를 거듭했습니다. 땅에서 스케이트 탈 수 있는 방법을 연구하지 않았다면 롤러스케이트가 나올 수 있었을까요? 결코 그럴 수 없었을 겁니다. 결국 모든 것은 생각만으로는 이루어지는 게 아닙니다.

바퀴를 단다는 생각만으로 롤러스케이트가 탄생하는 게 아니라는 겁니다. 직접 물건을 만들다 보면 생각지도 않았던 여러 가지 문제들이 발생하고, 문제 해결을 위해 연구를 거듭하게 됩니다. 그 과정에서 반드시 시행착오는 있게 마련이고, 또 이와 같은 시행착오를 통해 훌륭한 상품들이 세상에 나오게 되는 것입니다.

국내 프로젝트 수업 사례

2015 개정 '실과' 교육과정에서 제시하고 있는 교수·학습 방법들은 발명 활동과 밀접한 관련을 갖고 있습니다. 발명 활동과 관련이 있는 실과에서의 교수·학습 방법은 관련 내용에 따라 견학, 실험·실습, 조사, 토의, 역할 놀이, 협동 학습 등 다양한 교수·학습 방법을 활용하여 활동 중심, 사례 중심에 초점을 두도록 하고 있습니다. 특히, 실과 수업에서는 문제 해결 교수·학습 방법, 프로젝트 교수·학습 방법, 실습 중심 교수·학습 방법을 중점적으로 적용하도록 하고 있습니다. 구체적인 내용은 다음과 같습니다(2016, 교육부).

▶ 문제 해결 수업

학습자의 사고 과정을 중시하고 학생들로 하여금 자기 스스로 문제를 해결할 수 있는 능력을 통합적으로 기르는 교수·학습 방법으로서, 문제 인식, 정보 수집을 통한 문제 해결 방안의 마련과 선택의 준비, 문제 해결 방안 설정, 문제 해결의 방안의 적용, 결과에 대한 평가를 거치는 과정으로 진행합니다.

▶ 프로젝트 수업

프로젝트 학습은 학생 스스로 프로젝트를 선정하고 계획을 세워 이에 대한 문제를 찾고 해결함으로써 수행 후에는 문제 해결의 결과로 반드시 다양한 형태의 산출물을 생산합니다. 이를 위한 과정은 구체적인 프로젝트를 정하는 목적 설정 (purposing), 수행 방법을 정하고 검토하는 계획(planning), 실제로 물건을 만드는 실행(executing), 전체 과정과 산출물을 평가하는 평가(evaluation) 단계의 순서로 이루어집니다. 그러나 프로젝트 수업을 실제로 진행할 때에는 내용의 특성에 따라 부분적으로 변형하여 사용하기도 합니다.

▶ 실습 중심 수업

실습 활동의 목적 및 관련 지식 이해, 실습 과정의 제시, 기본 기능 시범 관찰, 실습 과제 수행 과정에서의 기본 기능 습득, 자기 평가 및 교사 평가의 과정으로 진행합니다. 특히 실습 중심 교수·학습 활동에서는 재료를 합리적으로 선택, 구입, 활용하며 자원을 아껴 쓰는 태도를 갖게 하고, 체험 활동이나 일의 수행에 있어서 기능 습득에 중점을 두기보다는 창의성을 강조하여 노작의 즐거움과 성취감을 느낄 수 있도록 합니다.

초등학교 5~6학년군에서는 영역별 단원 내용에 따라 다양한 교수·학습 방법을 활용하도록 하며, 실험·실습 등 활동 중심의 학습에 초점을 맞추되, 교과 내용 전달에만 치중하지 말고 문제 해결을 위한 정보 수집, 의사 결정 등의 능력을 기를 수 있도록 합니다. 이를 위해 다양한 문제 해결 방법을 활용하여 학습자 스스로 체험할 수 있는 활동을 제공하고, 흥미와 관심을 고려하여 개인의 수준에 적합한 노작 활동을 제공함으로써 효율적인 교수·학습 전략을 지향하여야 합니다.

이 책에서는 6~7세의 미취학 아동과 초등 교육을 위한 수업을 중심으로 프로젝트 수업과 병행하여 실습 중심 수업 방법을 선택하여 교육의 과정을 소개하였습니다.

또한 유·초등학생의 발명교육은 발명품 개발을 위한 문제 해결 중심의 수업보다 창의성을 강조함으로써 힘들여 완성한 작품을 통해 성취감을 느낄 수 있는 프로젝트 활동과 실습 활동 위주의 수업을 함으로써 발명교육의 기초 교육인 아이디어 발상 훈련이 자연스럽게 이루어지도록 하였습니다.

〈교사를 위한 발명 수업 지도안(예시1)〉

영역	재량 활동	학년·학기	6학년 1학기	지도 요소	지적 이해, 조작 활동
제재	발명 기법	차시	1~2차시/6차시	사고 기능	민감성, 독창성
학습 주제	발명의 예를 보면서 발명 기법 익히기			발명 기법	브레인스토밍
학습 목표	발명의 필요성과 원리를 알고 발명 기법을 익힐 수 있다.				
학습 자료	교사	발명품 실물, 사진 자료, 발명 기법 10계명			
	학생	예습적 과제, 발명 공책, 발명 학습지(발명 기법 10계명 학습지)			

과정	학습 요소	교수·학습 활동	시간	자료 및 유의점
시작 하기	동기 유발	⊙ 동기 유발 • 다 함께 스무고개 놀이를 해 볼까요? ⊙ 학습 문제 확인하기 ▶생활 속의 발명품을 통하여 발명 기법을 알아보자.	5'	㉴ 자유스러운 분위기를 조성한다. ㉴ 문제를 정확하게 파악하고 발명에 대한 흥미를 갖도록 유도한다.
	탐구 하기	⊙ 발명 기법 생각하기 • 발명의 필요성 알기 – 생활에서 발명품 이야기하기 – 발명품이 우리에게 주는 편리함 이야기하기 – 발명의 필요성 이야기하기	10'	
		⊙ 발명의 원리 알아보기 • 생활에서 불편한 점 알아보고 발표하기 • 더하기 원리 – 생활 속에서 더하기의 원리를 이용하여 만들어진 발명품에 대해 이야기하기 • 빼기의 원리 – 생활 속에서 빼기의 원리를 이용하여 만들어진 발명품에 대해 이야기하기 • 모양 바꾸기 – 모양을 바꾸어서 편리하게 이용하고 있는 발명품 알아보기	20'	㉴ 고정 관념의 틀을 깨고 다양한 생각이 나올 수 있도록 유도한다. ㉴ 개별 학습 후 조별 토의 및 전체 발표

적용 발전	발명 기법 알기	⊙ 브레인스토밍 기법 알아보기 • 다양한 의견 발표하기 　– 개인 생각 → 모둠 생각 → 전체 생각 • 결합과 빼기로 조정하여 보기	10'	殷 많은 의견이 나오는 데 중점을 둔다.
	형성 평가	⊙ 형성 평가 • 다양한 아이디어를 생각해 내었는가? • 적극적으로 참여하였는가?	10'	
	놀이 하기	⊙ 칠교놀이하기 • 발명 기법을 적용하여 다양한 모양을 만들어 보자. • 친구들에게 보여주며 어떤 모양으로 꾸몄는지 이야기해 보자. • 조별로 다양한 의견을 수렴하여 결론을 맺는다. • 친구들의 독창적인 아이디어를 서로 칭찬해 준다.	20'	殷 창의적인 방법으로 만들어 볼 수 있도록 한다.
정리		⊙ 정리하기 • 오늘 공부를 통해 느낀 점 발표하기 　– 자신의 느낌을 자유롭게 발표한다.	5'	
	차시 예고	⊙ 차시 예고 • 여러 가지 페트병을 이용하여 만들기		
형성 평가 계획		1. 다양한 아이디어를 생각해 내며, 아이디어를 결합하고 발전시켰는가? 2. 작품 아이디어 구상에 적극적이며 창의적으로 참여하였는가?		

<교사를 위한 발명 수업 지도안(예시2)>

단원명	1. 기술과 발명의 기초	차시	3차시/12차시	교과서 쪽수	○○~○○쪽
학습 주제	발명 기법의 이해	교수·학습 방법	문제 해결 학습		
학습 목표	간단한 발명 기법들을 이해하고 익히며, 발명 기법과 관련된 사례들을 찾을 수 있다.				

교수·학습 자료	교사		학생	
	발명 기법과 관련된 제품 또는 사진 및 그림		사용하고 있는 제품에서 불편했던 제품, 사진	

단계	학습 과정	교수·학습 활동		시간 (분)	지도상의 유의점 및 자료
		교사	학생		
도입	문제 파악	◎ 동기 유발 • 우리가 사용하는 물건 중에서 하나의 물건이 다양한 용도로 사용되는 것에는 어떤 것이 있는지 발표해 봅시다. • 사용하는 물건 중에서 일부분이 없어짐으로 해서 편리하게 사용되는 것에는 어떤 것이 있는지 발표해 봅시다. • 이러한 제품들이 어떠한 방법에 의해서 만들어지는지 알아봅시다.	• 자신이 사용하는 제품 중에서 하나의 물건이 다양한 용도로 사용되는 것을 생각해 보고 이야기한다. (예 : 스마트폰, 다이어리 지갑) • 자신이 사용하거나 경험한 제품 중에서 일부분이 없어져서 편리하게 사용되는 것을 생각해 보고 이야기한다. (예 : 무선전화기, 씨 없는 수박)	7'	• 자유롭게 발표하도록 분위기를 만든다. ▶발명 기법과 관련된 제품 또는 사진 ▶실물 화상기
	학습 내용 및 과제 인식	◎ 학습 문제 확인 간단한 발명 기법들을 이해하고 익히며, 발명 기법과 관련된 사례들을 찾아봅시다.			

| | 관찰 및 탐색 | ◎ 발명 기법 익히기
• (더하기 기법) 다음의 제품 또는 그림을 보고 무엇과 무엇이 결합되었는지 이야기해 봅시다.
• (빼기 기법) 다음의 제품 또는 그림을 보고 무엇이 빼지거나 제거되었는지 이야기해 봅시다.
• (모양 바꾸기 기법) 다음의 제품 또는 그림을 보고 모양이 어떻게 바뀌었는지 이야기해 봅시다.
• (크기 바꾸기 기법) 다음의 제품 또는 그림을 보고 크기가 어떻게 바뀌었는지 이야기해 봅시다.
• (반대로 생각하기 기법) 다음의 제품 또는 그림을 보고 생각이 어떻게 바뀌었는지 이야기해 봅시다. | • 자신의 생각을 자유롭게 발표한다.
– 숟가락과 포크가 결합된 것 같습니다.
– 자동차에서 지붕이 제거된 것 같습니다.
– 전화기의 겉을 투명하게 만들어서 전화기 안을 볼 수 있게 모양이 바뀐 것 같습니다.
– 자전거를 접을 수 있게 만들어서 모양이 작아진 것 같습니다.
– 러닝머신은 제자리에서 달리기를 할 수 있도록 만든 기계입니다. 사람이 앞으로 가는 것이 아니라 발판이 움직이도록 생각을 전환했습니다. | 13' | ▶ 발명 기법과 관련된 다양한 제품 또는 사진
▶ 실물 화상기

• 발명 기법과 관련된 다양한 제품 및 사진을 보여 준다. |
| 전개 | 해결 방안 탐색 및 구체화 | ◎ 발명 기법 사례 찾기
• 발명 기법(다섯 가지)을 설명할 수 있는 사례들을 모둠별로 토의하고 확산적 사고법을 이용하여 도출해 봅시다.
• 모둠별로 도출된 내용을 교과서 '스스로 해 보기'에 정리하고 발표해 봅시다. | • 모둠별로 발명 기법(더하기 기법, 빼기 기법, 모양 바꾸기 기법, 크기 바꾸기 기법, 반대로 생각하기 기법)을 설명할 수 있는 사례들을 마인드맵이나 브레인 라이트닝을 이용하여 도출해 본다. | 15' | • 모둠별로 확산적 사고를 활발히 할 수 있는 분위기를 조성해 준다. |

전개	해결 방안 탐색 및 구체화	• 친구의 발표 내용을 들어 보고 우리 모둠에서 도출한 내용과 비교해 봅시다. • 앞서 배운 발명 기법 이외에 다른 발명 기법은 없는지 모둠별로 생각해 봅시다. (교사는 그 외 발명 기법 중 용도 바꾸기 기법, 재료 바꾸기 기법, 아이디어 빌리기 기법, 폐품 활용하기 기법, 불가능한 발명은 피하기 기법 등을 학급에 맞게 제시해 준다.)	• 모둠별로 도출한 내용을 각자 교과서 '스스로 해 보기'에 정리하고 발표한다. • 모둠별 발표를 통하여 자기 모둠과 다른 모둠의 결과를 비교해 본다.		• 활동 결과를 다른 모둠 친구들과 비교해 보고 같은 점과 다른 점을 찾아본다. • 학생들이 자유롭게 발표를 할 수 있도록 다양한 교육 기자재를 제공해 준다(실물 화상기, 빔 프로젝트 등).
정리	정리 및 평가	◎ 학습 내용 정리 • 이번 시간에 배운 내용을 발표해 봅시다. ◎ 평가 • 발명 기법에는 어떠한 방법들이 있습니까?	– 발명 기법의 다섯 가지를 배우고, 발명 기법이 적용된 사례들을 찾아보았습니다. – 발명 기법이 적용된 사례들을 다른 모둠과 비교하여 보았습니다.	5'	
	차시 예고	◎ 차시 예고 • 발명 기법의 적용에 대하여 알아봅시다.	– 더하기 기법, 빼기 기법, 모양 바꾸기 기법, 크기 바꾸기 기법, 반대로 생각하기 기법 등이 있습니다.		

1. 미취학 아동(6~7세)의 프로젝트 수업

일반적으로 교육은 네 가지 구성요소를 가지고 있습니다. 그래서 대부분의 교육에는 교육목표, 교육내용, 교육방법, 교육평가의 단계에 따라 교육이 이루어지고, 마지막 평가를 가지고 학습자의 성취도를 측정하게 됩니다.

발명교육도 '발명'이라고 하는 연구 중심의 '개발'이 아닌, '교육'에서 발명을 다룬다면 반드시 교육의 네 가지 구성요소를 가지고 교육과정의 단계를 진행해야 되는 것입니다.

학습자의 대상에 따라 목표를 설정하고, 내용을 선정하며, 방법을 구체화하여 제시하여 학습자가 실행할 수 있는 과정을 거쳐 결과를 가지고 평가가 이루어져야 합니다.

그렇다면 발명교육에서는 어떻게 발명교육과정을 가져야 할까요? 이 질문에 대한 답을 찾는 것이 발명교육의 풀지 못하는 숙제였습니다.

발명교육은 '발명'이라고 하는 특수성이 있어 교육과정의 틀을 만든다는 것이 매우 어렵습니다. 학습자의 연령 및 대상에 따라 목표 설정 및 내용과 방법이 달라져야 했고, 평가 또한 표준지표가 없는 현실입니다.

그러나 "발명스토리텔링"이라고 하는 교육 프로그램을 완성하여 교육과정 중 '교육내용'에 접목하여 학습 대상에 따라 목표와 방법을 접목해 보니 자연스럽게 발명교육에 대한 교육방법이 해결되었습니다. 즉, 발명스토리텔링 교육내용을 가지고 연령별 교육목표를 설정하고 교육방법을 설계하니 자연스럽게 결과가 나오게 되었고, 학습자의 결과물로 평가를 진행할 수 있었습니다.

발명교육에 있어 평가는 크게 두 가지로 나누어질 수 있습니다. 하나는 발명 이해를 통한 발명품 개발이며, 또 다른 하나는 아이디어 창출의 창의성으로 평가의 항목을 정하여 평가를 할 수 있습니다.

유아교육에서의 평가의 목적은 유아의 발달단계 이해와 유아의 변화 및 진보영역 확인, 학급 전체 상태를 얼마나 이해하고 있는지의 이해도, 의사결정도, 도움이 필요한 유아 선별을 위해 하는 것입니다. 따라서 유아교육에서의 발명교육평가 교육과정을 통해 유아의 발달단계 이해, 유아의 변화, 진보영역 확인, 창의성의 진보성을 알기 위한 놀이 활동 과정으로 접근할 수 있습니다.

<유아 발명교육의 구성요소 및 내용>

단계	구성요소	내용
1단계	교육목표	• 아이디어 발상과 창출을 할 수 있다. • 도구 사용을 통해 인지적 능력, 신체적 조작능력을 향상시킬 수 있다.
2단계	교육과정	• 발명스토리텔링하기
3단계	교육방법	• 발명캐릭터디자인 노트 스케치하기 • 색칠하기 • 재료를 활용한 조작 놀이 활동
4단계	교육평가	• 절대평가 • 수행평가

유아 발명교육의 사례는 다음과 같습니다.

– 주제 : 외벽 물받이 발명스토리텔링

– 대상 : 미취학 어린이 7세반 (25명/ 2개 학습)

– 수업 시간 : 60분(1반 기준)

<발명교육 프로젝트 학습 진행 과정>

단계	교사 활동	학생 활동
1. 목적설정	• 발명을 지도할 수 있다. • 발명스토리텔링 주제 찾기	• 생활 속 발명 이해
2. 계획하기	• 주제와 관련된 정보 찾기 • 주제와 관련된 자료 및 정보 환경판 만들기	• 생활 속 발명 관찰하기
3. 실행하기	• 발명스토리텔링하기 • 발명캐릭터디자인 노트 나누기 • 활동 재료 나누기	• 청취하기 • 아이디어 스케치하기 • 공급재료를 통한 노작 및 놀이 활동하기
4. 평가하기	• 발명캐릭터디자인 노트 • 창작활동 관찰	• 창작품 완성하기

<미취학 아동 발명교육과정>

	목표 설정	수업 내용
1단계	• 프로젝트 준비 및 선정	• 학습 목표 제시 및 학습 내용 확인 • 생활 속 외벽에 나타나는 문제점 발견

2단계	• 계획하기
	• 정보 탐색 및 설계하기
		• 외벽 물받이 발명스토리텔링하기
		  – 구연으로 전하기
		  – 캐릭터로 전하기

3단계	• 실행하기	• 다양한 재료를 활용하여 아이디어를 실행해 보는 제작 단계

4단계	• 평가하기	• 활동 종료 후 결과물 평가 단계
		• 평가 대상 예시
		  – 발명캐릭터디자인 노트 스케치
		  – 제품 결과물(제품)
		• 평가의 주체 다양화하기
		  (완성하기, 발표하기, 동료에 의한 평가)

　미취학 아동에게 있어서 발명교육 프로젝트 학습 진행 중 사용되는 설계도, 구상도, 제작도 등은 스케치로 대체됩니다.

〈미취학 아동들의 발명 스케치〉

〈유아 발명교육 활동 평가표 예시〉

평가항목	평가기준	평가점수		
		상	중	하
발달 단계	• (이해도) 내용을 잘 이해하였는가?			
	• (활용도) 재료는 잘 활용하였는가?			
	• (조작도) 조작은 잘 하였는가?			
진보성	• 아이디어를 스케치로 잘 나타냈는가?			
	• 도구 활용은 잘 하였는가?			
	• 도구 응용은 잘 하였는가?			
창의성	• 발명캐릭터디자인 노트 활용은 어느 정도인가?			
	• 작품의 완성도는 목표에 도달하였는가?			
	• 신규성이 있는가?			

2. 초등학생(8세~13세)의 프로젝트 수업

프로젝트 수업의 절차 구성안에 필요한 자료와 준거를 토대로 하여 실과 수업에 적절하고 기술적 활동의 특성을 반영한 절차를 구안하면 다음과 같습니다.

즉, 기존의 프로젝트법에서 범교과적으로 활용되고 있는 4단계(목적 설정하기, 계획하기, 실행하기, 평가하기)를 유지하되 세부적으로는 6단계로 구체화할 수 있습니다.

〈외벽 물받이 발명스토리텔링(예시 자료)〉

단계	목표 설정	학습 내용
1단계 : 목적 설정하기	프로젝트 준비하기	• 학습목표를 제시하고, 선행 학습 내용을 확인합니다. 　– 건물의 외벽에 빗물 자국 등이 남아 벽에 더러운 얼룩이 생겨 건물 외벽의 깨끗한 인테리어가 오래가지 못하는 문제점을 해결해 보자. • 프로젝트 수행에 필요한 제반 사항 : 주어진 시간은 80분이며, 여기에 필요한 재료는 사전에 준비하여 제공합니다.
	프로젝트 선정하기	• 발명스토리텔링 형식으로 활동을 진행하며, 외벽 물받이의 문제점을 개선하여 모형을 만드는 활동으로 주제를 개방형이 아닌 폐쇄형으로 선정하여 제공합니다.
2단계 : 계획하기	정보 탐색하기	– 발명스토리텔링하기 (참고 1. 발명스토리텔링 상황극 사례)
	설계하기	– 수집한 각종 정보를 토대로 하여 구체적인 디자인을 하는 단계이다. (참고 2. 설계하기 사례)
3단계 : 실행하기		• 계획 단계에서 수립된 디자인에 따라 제품을 실제로 만드는 단계이며, 소요 시간이 가장 많이 걸린다. • 제작 도면에 따라 만들되, 만드는 과정에서 필요에 따라서 실용성을 고려하여 도면을 수정할 수 있다. (참고 3. 실행하기 사례)
4단계 : 평가하기	평가하기	• 프로젝트 수행과정을 평가한다. • 작품을 평가한다.(자기평가, 동료평가, 교사평가 등)

■ **참고 1.** 발명스토리텔링 상황극 사례

본 참고 내용은 앞서 기술된 외벽 물받이 발명스토리텔링의 내용을 그대로 수업으로 진행하여 기록된 수업 사례 예시입니다.

백종원 대표의 외벽 물받이 발명품은 건물의 외벽에 빗물 자국 등이 남아 벽에 더러운 얼룩이 생겨 깨끗한 인테리어가 오래가지 못하는 문제를 해결하고자 하는 아이디어에서 시작되었습니다. 지금부터 여러분과 함께 발명스토리텔링을 통해 발명의 세계로 함께 들어가 볼까요?

[들어가기]

(해설 : 대한민국 최초로 건물 외벽용 배수장치 개발을 통해 외벽 마감재를 발명한 외벽 물받이 발명품이 있습니다. 외벽 물받이 발명품은 우리 주변 어디서든 볼 수 있는 건물 벽면에 사용되는 자재입니다. 외벽을 마감하는 마감재로서 건축물을 깨끗하게 유지하게 해 주는 발명품이랍니다. 바로 건물 외벽용 배수 장치이지요. 이 외벽 물받이 발명품이 어떻게 발명되었을까요? 우리 함께 그 발명의 현장으로 가 볼까요?)

백종원 : 아, 공부하기 싫다. 싫어. 왜 이렇게 공부는 재미없고 따분하고 지겨운 거야. 책만 보면 졸려서 죽겠네. ('아하~' 하품을 한다.)

친구1 : 너도 그러니? 나도 그래. 공부는 왜 그렇게 재미가 없지? 그런데 우리가 대학을 가려면 공부를 해야 하지 않겠니? 그게 문제다.

친구2 : 그러게 말이야. 대학은 가야 하겠고, 공부는 하기 싫고……. 정말 고민이다. 고민이야.

(해설 : 종원이와 친구들은 공부가 하기 싫다고 말했지만, 사실은 진로 문제를 심각하게 고민하는 친구들이었습니다. 그래서 공부를 해야 한다는 것도, 대학을 가야 한다는 것도 잘

알고는 있었지요.)

[전개]

백종원(독백) : 아, 공부는 하기 싫고, 대학은 가야 하겠고, 이를 어쩐다?

엄마 : 종원아, 학교에서 기말시험 성적이 나왔다지? 결과가 어떠니?

백종원 : 아, 엄마. 묻지 마요. 정말 짜증 나.

  (방문을 꽝 하고 닫고 들어간다)

백종원(독백) : 정말 고민이다, 고민이야. 내가 이제 곧 고등학교를 졸업해서 대학을
       가거나 취직을 해야 하는데 내 진로를 어떻게 정해야 할지 고민이 된다. 나
       는 과연 무슨 일을 하면서 살지? 어떻게 살아갈까? 대학에는 꼭 가야 할까?

(해설 : 이렇게 진로에 대해 진지하게 생각하게 된 종원이는 어느 날 부모님께 자신의 뜻을
말씀드리기로 했습니다.)

백종원 : 아빠, 엄마, 드릴 말씀이 있습니다.

아빠 : 그래? 우리 아들이 웬일이니? 그래, 무슨 말인지 들어 볼까? 말해 보거라.

엄마 : 우리 종원이가 할 말이라는 게 뭘까?

백종원 : 저 대학 안 갈래요.

아빠 : (기가 막히고 충격적이라는 표정을 지으며) 뭐? 뭐라고? 대, 대학을 안 가겠
       다고?

엄마 : 안 돼. 그건 또 무슨 소리니? 요즘 같은 세상에 대학을 안 가면 어떻게 취직
       해 살려고 하니? 안 된단다.

백종원 : 저는 기술을 배우겠습니다.

아빠 : (심각하게 고민을 하며) 음…… 결심을 했니?

엄마 : 여보, 무슨 소리예요? 안 돼요.

백종원 : 네, 저는 기술을 배우겠어요.

아빠 : 그래. 그렇다면 열심히 할 다짐도 하였겠지?

백종원 : 네, 저는 아무래도 지금은 공부보다 기술을 먼저 배워 취업을 하는 게 좋
겠습니다. 기술을 배우면 평생 직업을 가질 수 있어요.

(해설 : 이렇게 해서 백종원은 고등학교를 졸업하고 진로를 선택할 때 기술 학교를 들어가
게 되었습니다. 그래서 기술 교육을 받게 되었지요.)

[마무리]

백종원 : (신나는 표정을 지으며) 와, 이렇게 재밌는 공부가 있다니 바로 이거야. 이
렇게 생활 속에서 직접 필요한 공부를 하니 바로바로 사용할 수 있고, 돈도
벌고 얼마나 재미있어.

(해설 : 백종원은 이렇게 기술 교육을 받으며 외벽과 관련된 건축 재료들을 다루게 되었답
니다. 그러던 어느 날이었어요.)

백종원(독백) : 그런데 말이야. 왜 이렇게 건물 외벽이 더러운 거지? 이 빗물 자국
만 없으면 건물벽은 깨끗할 텐데 말이야. 너무 더럽단 말이지. 바로 빗물 때
문이야. 그래. 그렇다면 빗물이 벽을 직접 흘러내리지 않도록 하면 어떨까?

백종원 : 아하, 바로 이거야. 이렇게 비가 벽에 닿아도 흘러내리는 길을 만들어 주
면 되겠구나. 바로 이처럼 말이지.

(해설 : 이렇게 해서 백종원은 '외벽 물받이'라고 하는 발명품을 발명하게 되었습니다. 그
리고 그 발명품은 건물 외벽을 깨끗하게 유지시켜 주는 훌륭한 건축 재료로 쓰이게 되었답
니다.)

■ **참고 2.** 설계하기 사례

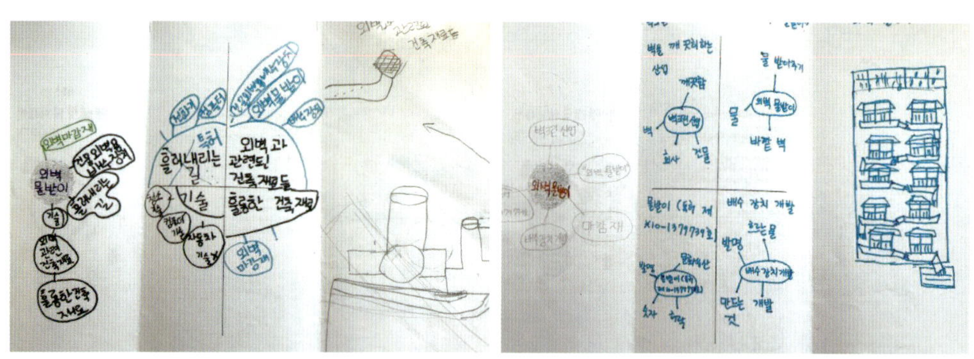

■ **참고 3.** 실행하기 사례

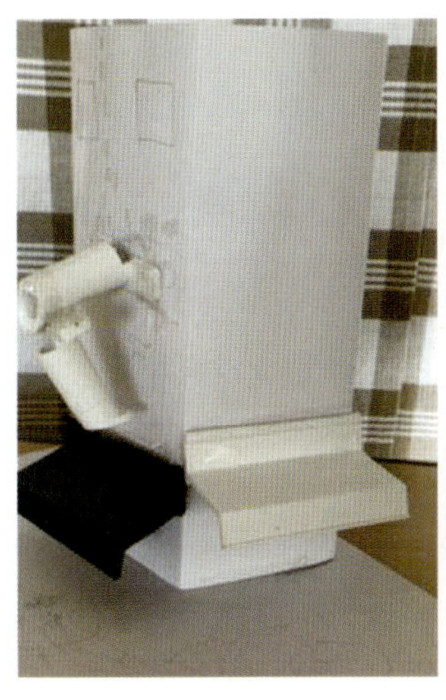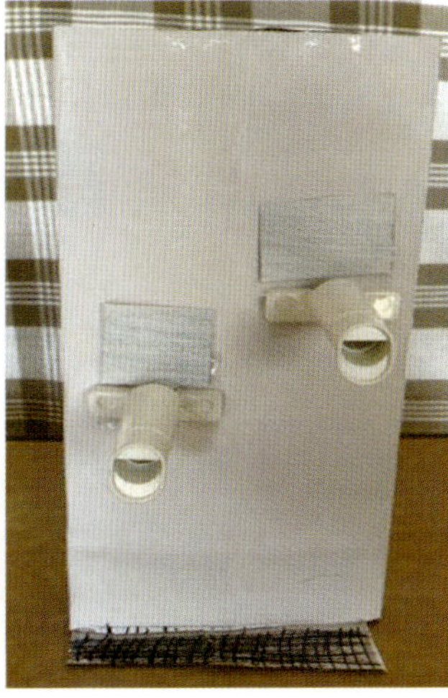

〈외벽 물받이 만들기 평가표〉

제 O학년 O반 / 이름 :

평가 항목	평가 기준	평가 점수		
		잘함	보통	미흡
창의적인 제품을 구상하였는가?	• 창의적으로 제품이 구상되었다.			
	• 부분적으로 창의적인 제품이 구상되었다.			
	• 대부분 다른 제품을 모방하였다.			
문제를 해결하였는가?	• 물받이가 잘 설치되었다.			
	• 물받이로 인해 벽에 물이 새지 않는다.			
	• 물받이가 건물의 크기에 적절하다.			

3. 중 · 고등학생(14세~19세)의 프로젝트 수업

중 · 고등학생인 경우 발명교육의 교수 · 학습은 문제 해결 수업, 프로젝트 수업, 실습 중심 수업 모두 가능합니다. 중 · 고등학생의 수업은 '광진 진로직업체험센터'와 '송파 진로직업체험센터'를 통해 주말 또는 방학 특강 단 · 장기 수업(4차시)으로 진행하였습니다. 그리고 수업은 주 1회 90분씩 수업 과정은 4단계(목적 설정하기, 계획하기, 실행하기, 평가하기)를 기준으로 진행하였습니다.

- 주제 : 발명스토리텔링 제시(주차별)
- 대상 : 중 · 고등학생(10명 이내)
- 수업 시간 : 90분(1반 기준)
- 교육과정 :

〈중 · 고등학생 발명프로젝트 교육과정〉

단계	목표 설정	수업 내용
1단계	• 프로젝트 준비 및 선정	• 학습 목표 제시 및 학습 내용 확인 • 생활 속 문제점 발견
2단계	• 계획하기 • 정보 탐색 및 설계하기	• 발명스토리텔링과 아이디어 창출 　– 구연으로 전하기 　– 캐릭터로 전하기 • 발명캐릭터디자인 노트로 스케치하기 　(참고 4. 노트 사례)
3단계	• 실행하기	• 다양한 재료를 활용하여 아이디어를 실행해 보는 제작 단계 　(참고 45. 실행 제작 사례)
4단계	• 평가하기	• 활동 종료 후 결과물 평가 단계 • 평가 대상 예시 　– 발명캐릭터디자인 노트 스케치 　– 제품 결과물(제품) • 평가의 주체 다양화하기 　(완성하기, 발표하기, 동료에 의한 평가)

■ **참고 4.** 노트 사례

■ **참고 5.** 실행 제작 사례

4. 대학생(20세~26세)의 프로젝트 수업

대학생인 경우 문제 해결 수업, 프로젝트 수업, 실습 중심 수업 모두 가능합니다.

일반 대학인 경우 교양 과정에서 1학기 수업 15차시로 진행할 수 있으며, 교육 대학이나 사범 대학인 경우 1학기 수업이나 일부 교육과정 중 '발명교육 프로젝트 수업'으로 6차시로 진행할 수 있습니다. 본 내용은 경인교육대학교 3학년 학생들의 실과 교육과정 중 발명교육 프로젝트 수업을 접목하여 '발명 교재 만들기' 과제와 수업을 통해 진행하였습니다.

- 일정 : 주 1회 2시간 / 6주차 수업
- 발명 수업 내용 : 4단계(목적 설정하기, 계획하기, 실행하기, 평가하기) 설정으로 진행
- 주제 : 발명 자동차 만들기
- 대상 : 대학생(25명~35명)
- 수업 시간 : 100분(1반 기준)

〈발명프로젝트 교육과정(20세~26세)〉

단계	목표 설정	수업 내용
1단계	• 프로젝트 준비 및 선정	• 학습 목표 제시 및 학습 내용 확인 • 주제 선정 • 생활 속 문제점 발견
2단계	• 계획하기 • 정보 탐색 및 설계하기	• 아이디어 창출 과정 • 발명캐릭터디자인 노트로 스케치하기 　(참고 6. 노트 사례)
3단계	• 실행하기	• 다양한 재료를 활용하여 아이디어를 실행해 보는 제작 단계 　(참고 7. 실행 제작 사례)
4단계	• 평가하기	• 활동 종료 후 결과물 평가 단계 • 평가 대상 예시 　– 발명캐릭터디자인 노트 스케치 　– 제품 결과물(제품) • 평가의 주체 다양화하기 　(완성하기, 발표하기, 동료에 의한 평가)

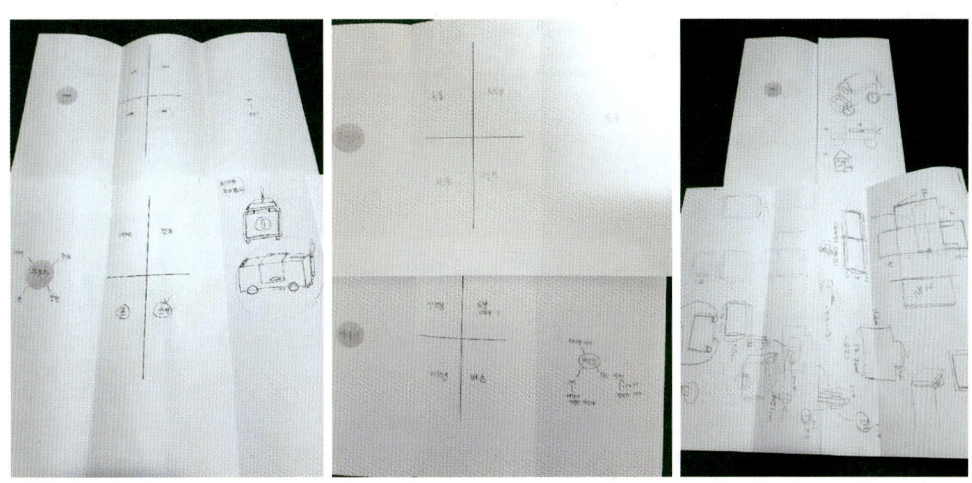

외국 프로젝트 수업 사례

1. 프로젝트 수업에 대한 개요

프로젝트는 보다 더 학습할 가치가 있는 주제(topic)를 심층적으로 탐구하고 만들어 보는 활동이며, 대개 학급 내에서 소집단이나 학급 단위로 수행되거나 학생 개개인에 의해 독자적으로 수행되기도 합니다. 전통적으로 프로젝트법에 의한 프로젝트 학습이 범교과적으로 적용되어 오다가 최근에는 이를 변형한 여러 가지 유형이 나타나고 있습니다.

즉, 지금까지 알려진 것으로는 프로젝트 학습(project learning), 프로젝트 중심 학습(project-based learning; 이하 PBL), 프로젝트 접근 학습(The project approach learning) 등이 바로 그것입니다.

이들 수업 방법은 모두가 프로젝트를 매개로 하여 교수·학습을 전개한다는 점에서는 공통점이 있으나, 지향하는 바와 적용하는 방법에 있어서는 조금씩 차이가 있습니다(이춘식 외, 2003).

프로젝트법은 20세기 초 진보주의자들에 의해 주창된 교수·학습 방법으로서, 1918년 Kilpatrick에 의해 정립된 방법입니다. 이 방법은 프로젝트를 학습의 매개체로 하여 아동의 흥미와 관심에 따라 개개인이 주도적으로 학습을 해 나가는 형태가 주를 이룹니다(이춘식, 1989). 따라서 학생이 자신의 역량에 맞는 프로젝트를 선정하는 것이 관건이 되며, 교사는 안내자이면서 수업의 촉진자 역할을 하게 됩니다.

프로젝트 학습은 경험 중심 교육과정기에 미국을 중심으로 세계적으로 많은 주목을 받다가 1960년대 이후 학문 중심 교육과정기에 관심이 적어지기 시작하였습니다. 그러나 실업, 직업 및 기술 교육에서는 여전히 중요한 교수·학습 방법으로 자리잡고 있습니다. 왜냐하면 이 방법이 어느 정도 기능과 이론을 통합하여 기를 수 있는 장점이 있기 때문입니다. 특히 교양 교육 측면을 강조하는 기술과 교육에서는 학생들이 기본적으로 가지고 있는 지식과 기능을 프로젝트 수행을 통하여 익히거나 적용할 수 있기 때문에 기능만을 강조하는 실습법보다 더 유용하게 활용되고 있습니다.

이와 더불어 프로젝트 중심 수업(PBL)은 1920년대 초반에 Kilpatrick이 교수·학습 방법의 하나로 프로젝트 방법을 소개하면서 광범위하게 논의되기 시작해서 문제 해결 학습, 과제 중심 학습과 더불어 미국, 캐나다를 중심으로 하는 북미에서 널리 보급되었습니다.

Blumenfeld와 그의 동료들(1991)은 PBL이란 학습자 스스로 질문을 만들고 그러한 질문을 중심으로 학습 활동이 구성되며, 학습 활동의 결과로 최종 산출물이 생산되는 수업 형태라고 규정합니다. 이와 유사하게 Thomas(2000)도 학습자들의 적극적인 학습 참여를 유도하는 도전적인 질문이나 문제를 중심으로 구성되는 수업 형태를 프로젝트 중심 수업으로 정의하였습니다.

이와 같은 내용을 정리해 볼 때, 프로젝트 중심 학습은 교과 내용의 핵심 개념과 원리에 초점을 둔 교수·학습 모형으로서 문제 해결과 다른 의미 있는 과제에 학생들이 참여하고, 학생 스스로 학습을 구성하여 자동적으로 과제를 수행하도록 해 주며, 실제적으로 학생이 산출물을 만들어 완성하도록 하는 방법이라고 할 수 있습니다.

구성주의 이론의 측면에서 PBL의 특징을 살펴보면 다음과 같습니다.

첫째, 학습자는 실제적인 문제(authentic problem)를 통해서 배워야 하며, 이러한 실제적인 문제는 학습자의 활동을 이끌어내고 개념과 원리를 조직화하게 합니다. PBL 학습에 있어서 좋은 문제란, 학습자가 문제를 해결하기 위해 연구를 설계하고 수행할 수 있는 실현 가능한 것이어야 하고, 실제 세계와 관련된 맥락적인 것으로 학습자에게 흥미롭고 의미 있는 것이어야 합니다.

둘째, PBL 학습은 학습자가 결과물을 개발해 내도록 합니다. 결과물은 리포트나 컴퓨터 프로그램, 영상녹화물 등 구체적이고 명확한 것이기 때문에 학습 수행 후 학습 동료자나 교사 혹은 다른 공동체 구성원들로부터 평가를 받을 수 있습니다. 따라서 학습자는 자신의 학습을 성찰할 수 있고, 이러한 과정을 통해 지식을 더욱 풍부하게 만들 수 있게 됩니다.

셋째, PBL 학습에서 학습자, 교사, 사회 구성원들은 문제를 해결하기 위한 탐구 공동체가 됩니다. PBL은 동료 학습자뿐만 아니라 프로젝트 내용과 관련된 다양한 사회 구성원이 문제 해결을 위해 함께 의논하고, 협동의 기회를 제공하여 학습자의 사고의 틀을 넓히고, 이해의 깊이를 더할 수 있습니다.

넷째, PBL 학습은 일반적으로 인지적 도구를 사용합니다. 통신, 미디어 등과 같은 인지적 도구는 학습자의 인지 과정을 확장시켜 줍니다. 이러한 인지적 도구의 사용은 동료 학습자들과의 원활한 상호작용을 촉진하며, 역동적인 지식의 구성을 가능하게 합니다.

이 방법은 교과 내용의 핵심 개념과 원리에 초점을 둔 교수·학습 모형으로서 문제 해결과 다른 의미 있는 과제에 학생들이 참여하고, 학생 스스로 학습을 구성하여 자동적으로 과제를 수행하도록 해 주며, 실제적으로 학생이 산출물을 만들어 완성하도록 하는 방법입니다. 여기서는 활동을 효과적으로 디자인하고 동기 유발을 하기 위해 안내하는 데 초점을 두고 있습니다(BIE, 2003; Thomas, 2002; Hutchings & Standly, 2000).

이 방법은 다음과 같은 단계에 따라서 진행됩니다.

- 1단계 - 출발하기(getting started) : 프로젝트를 계획할 때 먼저 고려할 점을 제시한다.
- 2단계 - 내용(content) : 학생들이 얻어야 할 일반 목표와 결과를 정의(제시)한다.
- 3단계 - 질문하기(driving questions) : 학생들이 자신들의 노력에 초점을 맞추고 활용할 수 있는 도전적인 이슈나 문제를 개발한다.
- 4단계 - 활동 요소(components) : 해당 프로젝트 활동을 수행하기 위한 산출물, 학습 활동, 수업의 지원을 확인한다.
- 5단계 - 전략(strategies) : 학습 환경을 조성하고, 학습 지원에 필요한 자원을 확인한다.
- 6단계 - 평가(assessment) : 프로젝트를 평가하기 위한 균형 있고 통합적인 계획을 세운다.

2. 미국의 프로젝트 중심 수업

미국 노스캐롤라이나주의 Queens Creek 초등학교(http://queenscreek.nc.oce.schoolinsites.com)와 Clyde Erwin 초등학교(http://clydeerwin.nc.oce.schoolinsites.com)에서 초등학교 3, 4학년을 대상으로 수행한 프로젝트 중심 수업의 사례를 제시하고자 합니다(Dalimonte, Carpenter & Thompson, 2016).

- **프로젝트** : 새의 탐구
- **대상 과목** : 과학(동물의 적응), 사회(인간의 영향), 수학(측정 시스템) 등
- **문제** : 유럽 부엉이의 적응 과정을 탐구하고, 다양한 기후 변화에 어떻게 적응해 왔는지를 조사한다.
- **학생들의 활동 과정**
  - 시작하기 : 부엉이에 대한 각종 자료와 사진 등을 조사하고 제시한다.
  - 내용 확인하기 : 부엉이의 생육 조건 등을 비교하여 문제를 확인한다.
  - 질문하고 모형 만들기 : 부엉이에 대한 자료를 정리하고 모형을 만든다.
  - 활동 마무리하기 : 탐구 활동을 정리하고 발표 준비한다.

[PBL 수업의 다른 사례들]

다음의 PBL 수업 사례들은 Queens Creek 초등학교와 Clyde Erwin 초등학교에서 별도로 수행한 것으로 다양하게 제시된 활동입니다.

- **연날리기 프로젝트** : 축제 기간 중에 학생들이 팀을 이루어서 연을 만들되, 서로 다른 세 가지 형태로 디자인하여 문제를 해결하는 프로젝트이다. 바람의 속도와 날씨에 따라 연을 가장 높이 날릴 수 있는 환경을 탐구하는 것도 하나의 목적이다.
- **피노키오 모의 법정** : 피노키오 모의재판을 열면서 학생들은 다음과 같은 질문을 갖고 프로젝트 문제를 해결해 나간다.

– 미국에서 산다면, 피노키오(Pinocchio)는 어떤 법률을 위반했을까?

– 피노키오가 만들어진 이탈리아의 피렌체(Florence)와는 어떻게 다른가?

– 재판은 어떻게 이루어지는가?

– 재판에 관련된 사람들은 누구인가?

▶ 영국의 프로젝트 중심 수업

영국의 카스웰 초등학교(Carswell Community Primary School)에서는 PBL 수업을 전 학생들이 참여하여 수행하도록 하고 있습니다(http://www.carswell.oxon.sch.uk). PBL 수업을 통해 질 높은 산출물을 만들어 내며 학생들 간의 협동 작업을 하도록 요구하고 있으며, PBL 수업을 통해 나온 구체적인 예시는 다음과 같습니다.

○3학년 : 튜더 왕조 시대의 문화와 주택 및 화재에 대한 프로젝트를 수행하였다.

○4학년 : 로마 시대를 주제로 오늘날의 사회와 가족을 연결지어 다양한 프로젝트를 수행하였다.

○5학년 : 춤을 주제로 한 표현 활동의 프로젝트를 수행하였다.

○6학년 : 미래를 주제로 프로젝트를 수행하여 갤러리와 야외에서 발표하는 활동을 수행하였다.

▶ 덴마크의 프로젝트 중심 수업

덴마크 코펜하겐 인근 헬러럽 공립 초등학교(Hellerup Skole)에서 5학년 학급 수업을 참관하였습니다(김희욱, 2015). 그 학급은 '인터뷰'를 주제로 PBL 수업을 진행 중이었습니다. 교사는 인터뷰가 무엇인지 10분 정도 직접 설명한 다음, 학생들을 몇 개 조로 나눈 후 학생들에게 10대에서 70대까지 각 연령대별로 한 명씩 인터뷰하라는 과제를 부여했습니다. 인터뷰 주제는 '사람들의 고민'이었습니다.

학생들은 조별로 어떤 식으로 인터뷰를 할 계획인지 얘기했습니다. 일주일 뒤 학생들은 주변 사람을 취재하고 돌아와 마이크를 손에 쥐고 인터뷰한 내용을 직접 발표

했습니다. 스스로 과제를 해결할 방법을 모색하고 이를 실천한 다음 그 결과를 자기 목소리로 발표한 과정을 소개하면 다음과 같습니다(http://nakeddenmark.com/archives/5570).

○ **주제** : 난민 수용과 억제의 문제 해결 프로젝트

○ **대상** : 4, 5, 6학년

○ **활동 과정**

– 난민에 대한 사전 지식

– 조사 활동 : 조사한 내용을 한데 모으고, 발표를 맡을 각자 역할을 나누었다. 준비하는 방식도 조마다 다르다. 난민 수용과 억제 정책을 주제로 발표할 학생들은 충돌하는 두 입장을 각각 포스터로 만들었다. 난민 이동 경로를 설명할 조는 직접 지도를 만들었다.

– 조별 발표 : 장소에 구애받지 않고 학생들이 그룹별로 모여서 난민에 대한 브레인스토킹과 발표를 하였다.

– 모의 UN 회의 : 모든 조가 발표를 마친 뒤에는 조별로 조장을 뽑아 모의 UN 회의를 열었다. 조장은 한 UN 회원국의 대표가 되어 그 나라의 난민 정책을 대변하였다.

– 정리하기 : 모의 UN 회의를 마친 뒤에는 덴마크에 사는 난민을 초대해 직접 이야기를 들었다. 교사가 가르칠 수 없는 이야기를 난민들로부터 직접 들어 보는 산 교육이다.

☞ 출처 : http://nakeddenmark.com/archives/5570

2

발명스토리텔링과 발명교육

이 장에서는 발명스토리텔링과 관련하여 유용한 프로그램을 개발하고 이를 수업에 적용한 사례를 제시하였습니다.

발명스토리텔링의 이해

발명스토리텔링은 언어적 이해와 의미적 이해로 설명할 수 있습니다. 먼저, 언어적 이해 차원에서의 발명스토리텔링은 발명과 스토리(story)와 텔링(telling)의 합성어라고 할 수 있습니다. 즉, 발명에 대한 이야기를 이야기하는 것으로 정의할 수 있습니다.

발명스토리텔링 방법은 발명스토리텔링의 의미적 해석에서 해결할 수 있습니다. 언어적 의미의 발명스토리텔링으로 발명스토리텔링 방법에 접근하다 보면 교육적으로 한계에 이를 수 있습니다. 왜냐하면 '스토리를 스토리텔링하다'는 얼마든지 진행될 수 있지만, '발명'을 '스토리텔링하다'는 언어적 의미에서 주어 해석의 한계에 부딪히기 때문입니다.

'발명'이라고 하는 단어는 그 단어에 내포된 의미가 매우 광범위하기 때문에 단순히 언어적 의미의 해석만을 통해 교육 방법을 찾으면 그 문제가 해결될 수 없습니다. 그래서 지금까지 지식재산 교육의 기초 교육과정 중 '아이디어 창출'의 교육 방법에서 문제 해결 방법을 찾을 수 없었던 것입니다.

이는 '발명'에 대한 '스토리'의 해석이 이루어지지 못했기 때문이라고 할 수 있습니다. 따라서 발명스토리텔링은 의미적 해석에서 접근하여 '발명'을 '스토리'로 만든 '발명스토리'로 변환시키고, 변환된 '발명스토리'를 '스토리텔링'하는 "발명스토리텔링"

프로그램을 개발하여 지식재산 교육의 새로운 교육 방법으로 제시하고자 합니다.

발명스토리의 구성은 광의적 발명스토리텔링과 협의적 발명스토리텔링으로 구분할 수 있습니다. 광의적 발명스토리텔링은 뇌 자극 활동, 발명 사례 스토리텔링으로 구성됩니다. 이때 발명 사례 스토리텔링은 구연이나 연극, 상황극, 영상물 등과 같은 다양한 방법으로 시도될 수 있습니다. 협의적 발명스토리텔링은 '구연'의 의미로 입 소리를 통해 스토리텔링 기법을 발명 사례의 내용 전달에 활용하는 것으로서 '구연을 통한 발명 사례 스토리텔링'을 말합니다.

또한 발명스토리의 내용 구성 단계는 '발명의 동기-과정-결과-효과'의 순서로 기술되는 발명스토리텔링이라고 할 수 있습니다.

스토리텔링 방법은 다양하게 접근할 수 있습니다. 즉, 구연으로 전달하는 방법, 캐릭터를 활용한 시청각 활용 전달법, 영상물을 활용한 전달법 등이 바로 그것입니다. 이 연구에서 발명스토리텔링의 구성은 발명의 동기, 과정, 결과, 효과로 적용된 발명스토리를 활용하였습니다(이희경, 2016).

1단계에서는 다양한 뇌 자극 활동을 적용함으로써 두뇌 스트레칭의 시간을 갖도록 하며, 2단계에서는 발명스토리텔링하기가 이루어집니다. 3단계에서는 발명캐릭터디자인 노트 활용하기를 하며, 4단계에서는 발명 창작 활동으로 이루어집니다.

발명 지도사 양성 과정 프로그램의 개발

1. 교육 프로그램 설계 모형과 과정

발명 지도사 양성 과정의 프로그램을 개발하기 위하여 이 연구에서는 교수 체제 설계의 일반 모형인 ADDIE를 활용하였습니다. 즉, 교수의 분석(analysis), 설계(design), 개발(development), 실행(implementation), 그리고 평가(evaluation) 단계가 포함된 조직적인 절차입니다(Molenda, Persing & Reigeluth, 1996). ADDIE 모형에 의한 교수 체제 설계의 주요 단계는 다음과 같습니다.

1. Analysis(분석)	요구 분석 / 학습자 분석 / 환경 분석 / 직무 및 과제 분석
⇩ ⇧	
2. Design(설계)	목표 진술 / 평가 도구 설계 / 교수 전략 및 매체 선정
⇩ ⇧	
3. Development(개발)	교수 자료 개발 / 형성 평가 및 수정
⇩ ⇧	
4. Implementation(실행)	수업 및 자료의 실행
⇩ ⇧	
5. Evaluation(평가)	실시한 성과에 대한 평가

〈ADDIE 모형의 절차(정재삼, 1996)〉

분석 단계에서는 대상인 발명 지도사의 일반적인 특성, 즉 인지 발달 특성과 심리 사회적 특성을 파악하고, 발명교육 프로그램 개발을 위한 발명 지도사들의 인식을 살펴보았습니다. 학습 과제 분석에서는 발명교육 프로그램과 관련된 내용을 살펴보고 학습 과제를 도출하였습니다.

설계 단계에서는 분석된 학습 과제에서 각 영역별 학습 목표를 선정하고 교수 전략과 교수 매체를 결정한 후, 학습 목표 달성 여부와 수업 자료의 효과 검증을 위한 평가 도구를 설계하였습니다.

개발 단계에서는 학습 지도안 개발, 학생 활동지 개발 등의 과정을 수행하고, 실행 단계에서는 예비 수업 실시 및 수정 단계를 거쳐 본 수업을 실시하였습니다.

평가 단계에서는 개발된 수업 자료를 활용하여 실제 현장에서 본 수업을 바탕으로 학습자 평가와 전문가 집단 평가를 거쳐 효과를 검증하고 이를 토대로 수정·보완하여 개선하였습니다.

2. 교육 프로그램의 분석

1) 요구 분석

교육부는 초·중·고·대학 교육에 지식재산 교육이 정규 교육과정에서 다루어질 수 있도록 교육과정을 편성하였습니다. 또한 지방자치단체에서는 다양한 지식재산 교육과 활동을 지역 주민을 위해 펼치고 있습니다.

그중 가장 활발하게 주도적으로 활동을 이끌어가고 있는 대구시 달서구는 '2017 여성 발명 창의 교실' 운영을 통해 지역 주민들에게 발명에 대한 다양한 교육을 지원하고 있습니다. 대구시 달서구는 2011년부터 한국여성발명협회에서 운영하는 여성 발명 창의 교실을 통해 여성 발명 지도사를 63명이나 배출하여 지역 아동 센터나 창의 교실 지도 강사로 활동하고 있습니다(한국여성발명협회, 2017).

발명 지도사가 되기 위해서는 지식재산과 발명과 관련된 교육을 체계적으로 받기를 원하지만 공인된 기관을 찾을 수가 없었습니다. 발명 지도사와 관련된 강의를 제공해 준다면 이를 희망하는 지원자들로부터 많은 각광을 받을 것입니다.

—— 발명 지도서 수강자 김○○

이에 시민들을 대상으로 한 평생교육 프로그램으로서의 지식재산 교육 프로그램 및 발명 지도자의 양성은 더욱 절실히 필요한 실정입니다.

2) 학습자 분석

일반적으로 평생교육 영역에서 발명스토리텔링의 학습자는 누구나 될 수 있습니다. 그러나 발명 지도사로서의 발명스토리텔링을 지도하고자 하는 학습자는 스토리텔링을 잘하거나 잘할 수 있는 자이어야 합니다. 유아 교육 분야를 전공하거나, 보육 교사도 발명스토리텔링 지도자로서 활동 가능한 학습 대상자라 할 수 있습니다. 성별은 구분하여 선발하지 않습니다. 발명스토리텔링 지도자의 자격과 특성은 교육 현장의 장소에 따라 그 자격을 나누어 선발할 수 있습니다. 교육 현장에서 오랜 교육 경험자로서 퇴직한 은퇴 교사나 교육 공무원도 가능합니다.

발명스토리텔링 프로그램은 지식재산 교육 시간이나, 창의적 체험 활동, 진로 교육 시간 속에서 교육할 수 있습니다. 학교 밖에서 이루어지는 교육을 지도할 수 있는 제일 좋은 자격자는 평생교육사, 청소년 지도사, 유아 교육 전공자, 미취학 아동의 교육을 맡고 있는 보육 교사 등이 알맞습니다.

3) 환경 분석

교육 실제에 사용할 수 있는 물적 자원과 학습 공간의 물리적 환경 분석을 살펴보면, 교육의 실제에 있어 사용할 수 있는 가장 큰 물적 자원은 목소리와 감성이 담긴 연기력이라고 할 수 있습니다.

성우처럼 감정이 담긴 목소리로 발명스토리를 스토리텔링하기 위해서는 목소리와 감성의 연기는 매우 중요한 물적 자원에 해당됩니다. 또한 발명스토리를 캐릭터 제작을 통해 스토리텔링하는 경우 캐릭터는 중요한 물적 자원이 됩니다. 학습을 위한 공간의 물리적 환경은 책상과 의자, 칠판이 있는 곳이면 어디든 가능합니다.

4) 직무 및 과제분석

교수자는 학습자가 '발명스토리텔링' 전문가로 활동할 수 있도록 지도하기 위하여 발명에 대한 다양하고 풍부한 이론 및 실습 현장의 경험을 가져야 합니다. 지식재산 교육의 교육적 문제 해결을 위해 교육학 영역의 다양한 교수·학습법을 익히고 학습할 수 있으며, 발명스토리의 내용 구성을 위해 다양한 발명스토리 구성을 재조직할 수 있어야 합니다. 발명스토리텔링은 '발명스토리, 스토리텔링, 아이디어 발상, 아이디어 스케치, 발명품 제작' 과정이 단계적으로 이루어지는 교육입니다.

3. 프로그램 설계(Design)

1) 목표의 설정

발명스토리텔링 프로그램은 아이디어 발상 교육이 주된 교육 목표입니다. 발명스토리텔링의 설계 모형은 뇌 자극을 통한 아이디어 발상 교육, 발명 사례 스토리텔링을 통한 아이디어 발상 교육, 발명캐릭터디자인 노트 기술을 통한 아이디어 발상 교육, 창작 활동을 통한 아이디어 발상 교육으로 설계되었습니다.

2) 프로그램의 개요

지식재산 교육을 위한 공통 과정으로 지식재산 교육 총론이 1단계 교육에 적용됩니다. 이때 진행될 수 있는 교육은 지식재산의 법률적·산업 재산권 이해, 저작권, 경제 교육, 디자인 교육, 아이디어 발상 교육의 이론 및 실습 교육 등이 있습니다.

2단계에서는 전문 교육과정으로 발명스토리텔링의 이론 교육이 이루어집니다. 발명스토리텔링 실습 교육은 발명 구연을 위한 창작 캐릭터 제작 실습과 재료를 활용한 발명 창작품 실습이 여기에 해당합니다. 발명스토리텔링의 전체적인 구성은 다음과 같습니다.

〈발명 지도사 양성 프로그램 구성〉

구분	영역	내용
공통과목 교육과정	지식재산 교육 총론	발명 기본 이해, 지식재산권 이해, 발명과 캐릭터 개발, 발명 교육 방법론
전문과목 교육과정	발명스토리 텔링	1단계 : 신체 활동을 통한 뇌 자극 활동(예 : 소리 내기, 눈동자 운동, 손바닥 치기, 신체 스트레칭 등) 2단계 : 발명 사례 스토리텔링 3단계 : 아이디어 발상 교육(아이디어 노트 작성, 브레인스토밍, 마인드맵) 4단계 : 발명 창작 활동

3) 평가 도구 및 개발

학습자인 지도사의 평가 도구는 관찰 및 면접으로 이루어집니다. 학습자의 학습 활동을 자세히 관찰·기록하고, 이를 가지고 면접을 통해 학습자로서의 이해도와 문제점을 파악하고, 문제 해결을 위한 적극적 상담을 도입하여 수정하여 나가야 합니다. 그래서 지도사가 학습자로서 '발명스토리텔링'을 직접 학습하여 발명품 탄생과 제작까지 완성하도록 합니다.

4) 계열화 학습

수행 목표를 달성하기 위하여 발명스토리텔링의 수업은 다음과 같이 진행되었습니다. 개인 준비물과 지도사가 제공해 주는 준비물로 나누어 다음과 같은 순서로 수업을 진행하도록 합니다.

1단계 : 교재를 가지고 발명스토리로 스토리텔링하여 학습자에게 전달되도록 한다.

2단계 : 발명캐릭터디자인 노트를 활용하여 아이디어 발상 및 창출 활동을 한다.

3단계 : 아이디어 스케치를 하여 발명품 스케치를 완성한다.

4단계 : 완성된 스케치를 가지고 주어진 재료를 활용하여 제작해 본다.

5) 교수 전략

발명스토리텔링 프로그램의 교수 전략의 핵심은 이미 완성된 '발명스토리텔링' 교재와 '발명캐릭터디자인 노트 세트'에 있습니다. '발명스토리텔링'의 주제별 내용은 학습을 위해 주 1회씩 교육할 수 있도록 하기 위해 '발명스토리'가 정리되어 있습니다.

교재를 활용하여 발명스토리의 스토리텔링 주제는 매주 다른 내용으로 지도되며, 이때 전달되는 스토리텔링의 학습법은 목소리와 감정을 활용한 상황극으로 전달하기, 캐릭터 제작을 통한 상황극으로 스토리텔링하기 등을 적용해 볼 수 있습니다.

4. 프로그램 개발(Development)

1) 교수 자료 개발

발명스토리텔링에서는 주제 선정을 위해 48주의 주제가 개발되었습니다. 이 주제 선정의 내용은 모두 발명스토리 전개를 위해 발명 이야기들을 재구성하였습니다.

<발명스토리텔링 교육 학생용 주제>

월	주제명	월	주제명
3	앨범, 발가락 양말, 성냥, 볼펜	9	열기구, 예측 신호등, 도넛, 우산
4	나일론, 한글, 쌍소켓, 셀로판테이프	10	자격루, 주름빨대, 청바지, 아기용 투약기
5	전화기, 뽀로로, 접착 메모지, 지퍼	11	로봇, 라면, 자전거, 샌드위치
6	옷핀, 귀마개, 자물쇠, 향수	12	전구, 삼각팬티, 로봇팔 휠체어, 엘리베이터
7	주전자 뚜껑, 클립, 칫솔, 콜라병	1	비행기, 아이스크림, 밴드 반창고, 종이컵
8	커피, 지우개 연필, 병뚜껑, 발명이야기	2	자동차, 깎지 않은 연필, 자동판매기, 선글라스

발명스토리텔링 프로그램에 있어 가장 재미있고 유익한 교수 자료는 바로 발명스토리텔링 교재입니다. 발명스토리텔링의 내용은 주제별로 소개하였으며, 이를 바탕으로 교수·학습 지도안도 개발하였습니다. 발명스토리텔링 교수·학습 지도안 예시는 생략하였습니다.

2) 형성 평가 및 수정

교수·학습의 과정 중에서 가르치고자 하는 내용에 대해 학습자들이 얼마나 이해하고 있는지 수시로 점검합니다. 그리고 학습자들의 수업 능력, 태도, 학습 방법 등을 수시로 확인함으로써 교육과정 및 수업의 방법을 개선하고 교재의 적절성 등을 확인하도록 합니다.

이를 위해 형성 평가는 크게 세 가지로 이루어집니다.

첫째, 발명스토리스텔링 지도사가 학습자가 되어 발명스토리의 내용을 얼마나 잘 이해하였는가를 점검하기 위해 발명스토리를 구연 스토리, 캐릭터 스토리로 스토리텔링하는 과정과 방법을 학습하고 실습함으로써 학습자의 수업 능력, 태도, 학습 방법의 적절성 등을 점검하고 평가합니다.

둘째, 발명캐릭터디자인 노트 기술하기입니다. 발명캐릭터디자인 노트의 기술은 형성 평가에 있어 좋은 자료로 사용될 수 있습니다. '발명스토리의 내용을 얼마나 잘 이해하였는가'라는 질문에 대한 답을 이 노트 기록을 통해 볼 수 있으며, 학습자의 창의성도 노트 속에서 평가할 수 있습니다.

셋째, 발명품 제작 과정을 통해 평가를 할 수 있습니다. 형성 평가에 있어 발명품 완성도의 난이도는 크게 중요하게 여기지 않습니다. 발명스토리텔링의 학습에서 형성 평가의 가장 중요한 핵심은 내용을 얼마나 이해하였는가, 개인의 창의성이 잘 발현되었는가, 재료를 활용하여 개인의 아이디어를 잘 표현하였는가, 재료의 활용도는 얼마나 이루어졌는가 등과 같은 내용들이 형성 평가의 중요한 평가 기준이 됩니다.

3) 제작

발명스토리텔링의 교수 자료는 '발명스토리텔링 교재'와 발명캐릭터디자인 노트 등으로 구성되었습니다.

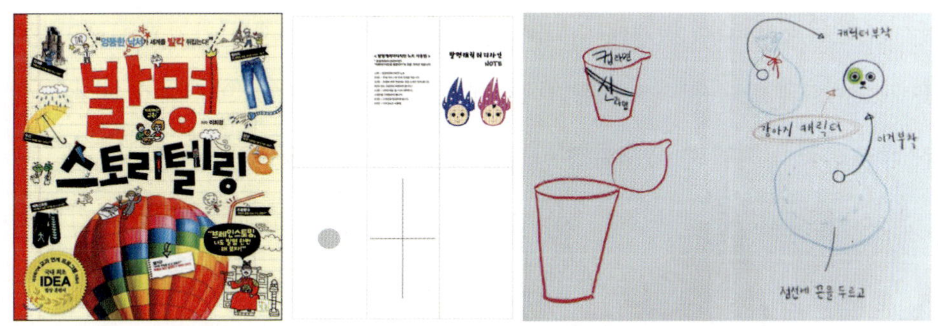

〈발명스토리텔링 교재와 디자인 노트〉

5. 프로그램 실행(Implementation)

1) 뇌 체조 및 이전 경험의 표현

수업이 시작되면 시선 집중과 뇌 활성화를 위하여 다양한 뇌 자극 훈련에 들어가게 됩니다. 그리고 발명스토리텔링 주제를 소개하며 생활 속에서 알고 있는 정보, 생각, 경험들을 나누어 보는 시간을 갖습니다.

2) 발명스토리텔링하기

캐릭터를 활용하여 발명스토리텔링 수업을 하여 발명에 대한 프로그램을 적용합니다.

〈발명스토리텔링 수업 시연 장면〉

3) 발명캐릭터디자인 노트 사용하기

발명스토리가 스토리텔링된 후 본격적인 아이디어 발상 훈련을 진행합니다. 이때 는 학습자들에게 주제 전개에 대한 이야기를 정리한 후 주제를 가지고 브레인스토밍 을 진행하도록 합니다. 발명캐릭터디자인 노트 사용은 학습자의 내면에 있는 창의성 과 잠재 능력을 꺼낼 수 있도록 인위적인 기록을 통해 도와줍니다.

이를 위해 발명캐릭터디자인 노트는 첫 장에 학습자가 주제를 선정하여 기록할 수 있도록 원 하나를 만들어 두었는데, 이 원 안에 선택한 주제를 적어 넣습니다. 이때 주제 선정은 모두 개인별로 진행되는 것이므로 답안이 정해져 있지 않습니다. 이렇게 정해진 주제를 가지고 마인드맵을 해 봅니다.

4) 주제 재선정하기

앞에서 기록한 마인드맵 네 가지 중 한 가지를 선택합니다. 이때 선택한 주제는 글이나 그림으로 표기해도 좋습니다.

5) 주제 스케치하기

선정한 주제와 관련하여 생활 속에서의 불편함을 생각해 보고 그 문제점을 해결할 아이디어 상품을 스케치해 봅니다. 이때 반드시 아이디어 상품으로 완성하지 못해도 상관없습니다. 주제와 관련된 상품이 떠오르지 않는다면 디자인으로 표현해도 좋습니다.

6) 창작 활동하기

학습자에게 주어진 발명캐릭터디자인 노트 세트에는 발명캐릭터디자인 노트와 재료들이 주제별로 다르게 들어 있으며, 학습자는 세트 속에 있는 재료를 활용하여 매주 다른 수업을 들을 수 있습니다. 이때 재료는 주제별로 다르게 접근해도 됩니다. 다음 예시는 부직포 재료를 사용한 경우입니다. 학습자는 주어진 재료를 활용하여 아이디어를 형상화시켜 봅니다.

〈부직포를 사용한 수업 사례 예시〉

7) 마무리 단계

재료를 사용하여 아이디어 상품을 완성하여 봅니다. 이때 아이디어 상품의 창작 활동 완성도는 수업 시간 안에서 종료하도록 하고, 완성하지 못한 경우에는 재료와 함께 집으로 가져가서 마무리할 수 있도록 지도합니다.

수업 종료가 이루어지기 전에 개인이 만든 창작 활동 작품들을 한곳에 모아 전시를 해 봅니다. 그리고 작품 발표를 통해 다른 사람의 작품과 함께 공유해 봄으로써 같은 주제를 가지고 시작하였지만 다양한 아이디어가 창출된 상품을 비교해 보며 다양한 사고의 영역을 경험해 보는 시간을 갖게 합니다.

6. 프로그램 평가(Evaluation)

발명 지도사 프로그램 평가는 프로그램 교육과정을 정리하여 체크리스트를 활용하여 실시합니다. 해당 프로그램의 수업에 참여한 15명의 교사에게 체크리스트 평가를 실시한 결과 다음과 같은 결과를 얻었습니다. 즉, 3점 척도로 평가한 후 이를 점수로 환산한 결과 전체 평균은 2.961점으로 높았습니다.

학습자들의 측면에서 발명스토리텔링의 프로그램을 이수한 15명(55세~76세 여성)을 대상으로 면담을 통해 평가한 결과, '발명에 대해 쉽게 이해할 수 있었다, 캐릭터 제작을 통해 개인의 창작 능력 및 디자인 능력이 살아나고 활용할 수 있었다, 다양한 캐릭터 제작과 확보를 통해 캐릭터 디자인 능력이 생겨났다, 발명품 개발과 제작을 통해 발명 창업의 과정에 접근할 수 있었다, 치매 예방 프로그램으로 접목하기에 좋았다' 등과 같은 반응을 얻을 수 있었습니다.

발명교육
'어떻게' 할 것인가?

발명은 매우 매력적이고 멋진 분야입니다.

우리나라 교육에서 '발명'은 저만치 뒤에 숨어 있다 어쩌다 한 번씩 과학의 달에나 행사 위주의 이벤트 교육 정도로만 이루어졌습니다. 그러나 발명이라는 것은 인류의 문명이 시작되면서부터 사람에 의해 발전·성장되어 왔습니다. 그것은 바로 발명품이 곧 인류의 발전사에서 볼 수 있는 생활을 편리하게 만들어 주는 모든 상품들이었기 때문입니다.

새로운 발명이 이루어졌기에 문명이 발전되었고, 사람들은 편리함을 누리며 살아왔습니다. 그래서 발명은 특별한 사람이나 일부 부류의 나라나 사람들만의 것이 아니라, 필요에 의해 연구·발명한 사람들이 만들어 낸 아이디어의 꽃이자 열매였던 것입니다. 그렇습니다. 저는 발명을 아이디어의 꽃과 열매에 비유하고 싶습니다.

발명은 생활 속에서 아이디어를 가지고 있는 사람이라면 누구나 그 꽃을 피워 볼 수 있고, 잘 피운 꽃이라면 열매까지도 거둘 수 있는 분야인 것입니다.

이 멋진 발명의 열매를 누구나 거둘 수 있게 하려면 어떻게 교육할 것인가?

이 질문은 필자 자신에게도 던졌던 질문이었습니다.

'와, 이렇게 멋진 분야가 있었네!'

'와, 이렇게 광범위한 일들이 하나의 교육 속에 다 들어가네!'

'와, 융합 교육이다.'

'이건 21세기에 필요한 새로운 교육이다.'

'이건 개개인의 진로 및 직업 선택에 도움이 되는 멋진 학문이야. 청소년과 대학생
들의 진로와 학과 선택 문제를 이 발명교육 속에서 해결할 수도 있겠어.'

이것이 바로 제가 만난 발명, 특허 교육의 세계였습니다. 발명교육 "발명스토리텔
링으로 시작하자"가 발명교육의 첫 문을 여는 열쇠였습니다.

그럼 다 함께 그 멋진 세계로 들어가 볼까요!

1. 발명, 제대로 알기

발명을 정확히 이해하지 않고 접근하다 보면 자칫 속담에 나오는 '배가 산으로 간
다'라는 말처럼 엉뚱한 길로 갈 수 있습니다. 따라서 발명에 대하여 정확하게 이해를
하고 지도자가 직접 실천, 지도해 보지 않으면 지도하는 데 한계를 느끼게 됩니다.

1) 발명은 아이디어다

발명은 새로운 것을 만들어 내는 것이므로 아이디어가 필요하고, 그 아이디어에 창
의성이 없으면 발생하지 않습니다. 발명은 전적으로 개인의 창의성에 따른 창의적 능
력이 꼭 필요합니다. 그래서 창의성을 키워야만 다양한 사고를 할 수 있고, 그 창의성
을 기반으로 발명은 탄생합니다.

그런데 문제는 발명이라는 것은 암기로는 이루어지지 않는다는 데 있습니다. 책 속
에만 있지도 않습니다. 발명은 지식과 창의성을 합하여 새롭게 만들어 내는 새로운

결과물이기 때문에 '창의적 능력'이 반드시 수반되어야 합니다.

발명은 아이디어에서 시작하므로 창의성도 있어야 하고, 지식도 필요합니다. 또한 현장의 자세한 관찰 능력도 필요하고 문제 해결 능력도 필요합니다.

이때 문제를 해결하는 데 걸리는 시간은 짧은 시간일 수도 있고 때로는 장기간이 소요되기도 합니다. 그러나 행운이 어느 날 갑자기 올 수 있는 것처럼, 본인이 뜻하지 않은 상황에 처했을 때 또는 다양한 사람들과의 대화나 정보 속에서 문제 해결에 대한 실마리가 풀리기도 합니다.

그래서 발명은 아이디어입니다.

사전에 보면 아이디어라는 말의 뜻을 '어떤 일에 대한 착상이나 구상'이라고 정의하고 있습니다. 즉, 어떤 사물에 대한 착상이나 구상으로 실체적인 물건을 만들어 보며 최초의 새로운 것을 만들어 내는 것이 발명인 것입니다.

따라서 어떤 사물에 대한 착상이나 구상을 얻기 위해, 즉 아이디어를 얻기 위해서는 다양한 교육적 지도 방법이 도입되어야만 하는 것입니다.

처음에 교육 현장에서 아이들에게 "발명해 보자."라고 말을 던졌을 때 모두들 당황하는 경우를 흔히 볼 수 있습니다. 그 이유는 아이디어에 대한 아이디어 발상과 관련하여 이해와 교육이 전혀 이루어지지 않은 상황에서 발명을 해 보자고 시도하였기 때문입니다.

따라서 학생들에게는 "발명해 보자."가 아니라 "우리 함께 재미있는 놀이를 해 볼까?"로 접근하는 것이 훨씬 쉽고 재미있습니다.

2) 발명에는 연령의 제한이 없다

발명에는 연령의 제한이 없습니다. 은퇴가 없습니다. 생각하는 능력을 가진 사람이라면 누구나 할 수 있는 것이 발명입니다. 물론 유 · 초등학생도 발명은 가능합니다.

그러나 유·초등학생의 발명은 창의적 사고에서 나오는 아이디어의 단계에 머무르는 경우가 많습니다. 발명은 기술적 문제 해결을 필요로 할 때가 많기 때문에 유·초등학생의 발명은 '아이디어의 단계'로 해석할 수 있으며 '발명'의 완성이라고는 할 수 없습니다.

그래서 기술적 발명이 필요한 부분은 전문 분야의 학문적 연구와 지도가 꼭 필요합니다. 발명은 특정한 사람이나 특정한 학력을 가진 사람만이 할 수 있는 것이 아닙니다. 연구실에 앉아 실험적 연구가 필요한 발명이 있는가 하면, 매우 단순한 아이디어라도 발상적 접근을 통해 해결되는 발명도 있는 것입니다.

생활 속에서의 발명 사례를 통해 발명에는 연령적 한계가 없다는 것을 살펴보도록 하겠습니다.

❶ 발명 사례 1 : 발명가 / 어린이

■ 예측 신호등

우리나라의 횡단보도 신호등에는 여러 가지 유형이 있습니다. 초록과 빨간색으로만 이루어진 신호등이 있는가 하면, 색깔 옆에 숫자가 표시되는 신호등도 있으며, 네온사인처럼 남은 시간을 알려 주는 신호등도 있습니다.

이 중 네온사인처럼 남은 시간을 알려 주는 신호등은 바로 '예측 신호등'이라고 하는 것인데, 이 신호등은 대웅이라고 하는 어린이가 발명한 신호등으로 알려져 있습니다.

건널목에서 길을 건널 때에 신호등의 남은 시간을 알 수 없어 발을 동동거리며 횡단보도를 건너던 자신의 모습을 떠올리며 생각하게 된 예측 신호등은 네온사인 불빛에서 아이디어를 얻어 발명을 완성하게 되었습니다. 오늘날 이 예측 신호등은 서울의 많은 거리에서 볼 수 있는 대표적인 발명품이 되었습니다.

❷ 발명 사례 2 : 발명가 / 할머니

■ 삼각팬티

삼각팬티의 발명은 손자를 사랑하는 할머니의 아이디어에서 나온 발명품입니다.

요즘 대한민국에서는 노년의 새로운 일거리 중 하나가 손자, 손녀 돌보기라고 할 수 있지만, 일찍이 고령화가 진척된 일본에서도 조부모가 손자들을 돌보는 일이 흔했었나 봅니다. 발가벗고 돌아다니는 손자의 모습을 보던 일본의 어느 할머니가 바지를 입히고 벗기는 불편함을 해결할 방법을 찾다가 편리한 삼각팬티를 발명하게 된 것이지요.

아이들이 자아에 눈뜨기 시작하는 연령이 되면, 특히 남자아이들의 경우 활동이 왕성하여 옷 입기를 거추장스럽게 생각하고, 알몸의 자유인이 되기를 즐겨하는 성향이 많습니다. 이러한 생활이 반복되면서 할머니는 아이에게 속옷 입히는 것을 매우 힘들어하였지요. '이 문제를 해결할 방법이 없을까?' 고민하던 할머니는 그 해결책으로 속옷을 벗지 않고 소변을 볼 수 있는 방법을 남편의 양복 속주머니를 통해 생각해 내게 되었다고 합니다.

양복의 상의 안쪽 주머니는 선으로 되어 있어 손을 넣었다 빼면서 지갑이나 중요한 물건들을 보관할 수 있도록 되어 있습니다. 이렇게 천이 겹치거나 감싸는 방법에 관심을 가졌던 할머니는 그 방법을 삼각팬티에 접목하게 된 것입니다.

이것은 발명 기법 중 하나인 '더하기 발명'이라고 할 수 있습니다. 그러나 양복 안주머니가 팬티와 접목되리라고는 아무도 생각하지 못했고, 평소에 전혀 연계성도 없는 것이었습니다. 그러다 할머니의 아이디어는 생활 속의 습관으로 이미 몸에 익은 환경 속에서 가장 기가 막힌 더하기 발명 기법을 접목하였던 것입니다.

위와 같은 사례에서 살펴보았듯이 발명에는 연령의 제한이 없습니다. 그리고 발명은 발명가 자신이 처한 삶의 현장 속에서 아이디어의 발상과 착상으로 시작된다는 것을 알 수 있습니다.

이와 같이 발명은 연령에 상관없이 누구나 할 수 있으며, 개인의 생활, 주변 환경의 영향이 있다는 것을 알 수 있습니다. 더 나아가 발명을 위해서는 문제에 대한 인식과 문제 해결을 위한 아이디어 발상이 매우 중요하다는 것을 알 수 있습니다. 그래서 발명교육을 하기 위해서는 이를 기반으로 한 단계 더 나아가는 교육적 접목이 필요하며, 모든 연령의 발명교육을 위해서는 지식재산 교육의 기초 영역인 '아이디어 발상', '아이디어 창출' 교육을 위한 창의 교육이 수반되어야 생활 속의 발명으로 이끌어나갈 수 있다는 것을 알 수 있습니다.

3) 발명에는 시간과 장소의 제한이 없다

발명을 하는 데 있어서는 시간과 장소의 제한을 받지 않습니다. 발명은 특정한 장소에서만 탄생하는 것이 아닙니다. 발명은 책상에 앉아 있어야만 할 수 있는 일도 아닙니다. 발명은 언제 어디에 있든 그 현장 속에서 이루어질 수 있습니다. 왜냐하면 자기가 놓여진 위치에서 살펴보고 생각하면 새로운 아이디어를 만들어 낼 수 있기 때문입니다. 아이디어 발상에 있어서 장소나 시간적 제한이 없는 것처럼 발명에도 시공간의 제한이 없습니다.

따라서 발명은 다양한 연령대, 다양한 장소에서 진행할 수 있으므로 발명교육을 위해서는 더욱 다양한 접근적 환경과 방법이 필요한 것입니다.

제가 발명을 연구하면서 찾아낸 것은 우리나라의 청소년들의 가정 일탈 문제, 진로 문제, 체험 학습 등과 관련된 문제와, 고령화로 인한 노인 치매 문제, 노인 일자리 등의 문제를 이 발명교육 속에서 해결할 수 있다는 점이었습니다.

시간과 장소의 제한을 받지 않고, 지속적으로 생각하고, 지속적으로 연구를 하다 보면 생각의 힘도 커지고, 사물을 보는 시각도 달라지는 것입니다.

4) 발명에는 학생들의 성적이나 학력의 제한이 없다

우리나라 학생들은 중·고등 과정에 가면 좋은 대학을 가기 위해 학교 성적에서 많은 스트레스를 받게 됩니다. 암기 위주의 교육을 진행하다 보니 하루 중 많은 시간을 책상 앞에만 앉아 있게 되며, 좋은 성적을 받기 위해 학업 공부에만 많은 시간을 보냅니다.

공부를 하는 것은 매우 중요한 일이고, 학생으로서 필요한 일이기도 합니다. 그러나 모든 학생이 100%의 성적을 낼 수 없고, 모든 학생이 한 가지 직업에 올인할 수 없는 것처럼, 학교는 다양성에 대해 보여 주고, 직업의 다양성에 대해 알려 주어야 하며, 다양한 분야의 직업에 대한 소개와 교육을 통해 진로 준비를 할 수 있도록 진로 교육이 이루어져야 합니다.

현재 대한민국 교육에서 학교 시험 성적을 위주로 하는 것과 학력의 제한으로 인해 진로 선택에 있어서 '기회 박탈'이라는 일들이 일어나는 것은 매우 비효율적 평가 방법에 의한 교육입니다. 그나마 다행인 것은 교육계의 변화가 필요하다는 이야기들이 논의되고 있고, 이에 맞추어 대입 전형 유형도 다양해지고 있다는 점입니다.

'교육'은 청소년들이 전문성 있는 직업을 갖도록 교육하기 위해 진로 설계를 할 수 있도록 성적뿐만 아니라 다양한 기회를 제공하여 개인의 잠재적 능력을 발견하고 활용할 수 있는 터전을 마련하는 것입니다. 그곳이 바로 학교입니다.

발명은 개인이 발명을 하는 기간 동안 개인의 창의성, 적성, 집중력, 문제 해결력, 인내력, 경제적 사고, 경영 능력, 전문성 등을 발휘하게 됩니다. 따라서 발명교육은 한 개인의 최고의 창의성 향상 교육 및 진로 교육, 평생 직업, 경제 교육이 될 수 있습니다.

그래서 미국, 일본, 핀란드, 덴마크 등 선진국에서의 교육은 일찍이 개인의 다양성을 인정한 상태에서 교육과정을 맞추고, 더 나아가 과학 교육을 직업 교육 영역이나 생활 속에서 교육 환경을 맞추어 주고 있습니다.

교육이란 성적과 대학 입학을 위해 공부하는 것이 아니라 '개인의 인격'을 기르기 위해 지식과 기술을 배우고 익히는 것입니다. 이런 점에서 발명은 학습을 위한 공부가 아니라 철저히 '개인'에게 맞추어진 '개인의 인격' 속에서 장점, 성품, 환경, 적성, 경제 능력에 맞추어 접근할 수 있으므로 누구에게나 공정하게 교육 기회를 제공해 줄 수 있습니다.

성적이 좋아야 발명을 할 수 있다? 아닙니다.

우수한 학벌이 되어야 발명을 할 수 있다? 아닙니다.

발명은 성적과 학력의 제한이나 차별 없이 모두에게 공정한 기회를 제공하는 최고의 교육이 될 수 있습니다. 그러므로 발명교육은 영재 교육과는 차별이 있습니다.

영재 교육은 영재성이 인정된 학생들만 받는 교육이지만, 발명교육은 누구나, 어디서나, 학업의 영향이 미치지 않는 환경에서 균등한 배움의 기회를 줄 수 있습니다.

발명교육은 성적이나 학력의 제한이 없는 관계로 어떤 환경에 있는 청소년이든 발명을 통해 진로 문제를 풀어 나갈 수 있습니다. 공교육에서 벗어나 대안 학교 청소년이든, 가정에서 공부하는 홈스쿨링 청소년이든, 외국에서 들어온 다문화 가정의 청소년이든, 청소년 시절에 범죄를 통해 불우한 환경에 처했던 청소년이든, 발명은 청소년들에게 새로운 꿈과 진로의 방향을 제시해 주는 최고의 교육인 것입니다.

5) 발명은 뇌의 두 영역을 모두 사용해야 한다

다양한 분야에서 뛰어난 우수성을 발휘하는 것은 어렸을 때부터 뇌의 어느 영역을 많이 자극하여 사용하고 훈련하느냐에 따라 나타나는 결과물입니다.

유아 시절에 교육이 중요한 이유는 스펀지처럼 무엇이든지 빨아들이는 시기인 유아 시절에 뇌를 깨워 활동할 수 있는 기회를 마련해 주어야 하기 때문입니다. 그러나 유아 시절에 시작한 교육을 커서 성인이 될 때까지 지속하는 사람은 드뭅니다.

유아 시절부터 활용된 뇌의 영역이 발달하기 시작하여 성장하면서도 지속적으로 활동한다면 다른 사람보다 좀 더 뛰어난 결과들이 나타나는 것은 당연한 것입니다.

즉, 청소년 시절에 우수하게 나타나는 분야의 현상들은 유아 시절부터 관련 분야의 뇌의 영역 활동에 좀 더 빨리, 좀 더 많이 자극되어 활동한 결과물이라고 할 수 있습니다. 물론 모든 사람에 해당되지는 않습니다. 오래된 자전거라 하더라도 지속적으로 잘 관리하여 사용한다면 그 부드러움 속에서 자전거 페달이 잘 굴러가는 것처럼, 사람의 뇌도 지속적으로 오래 사용한 분야의 인지 능력이 타인보다 좀 더 빠르고 깊이 활동을 하게 되는 것입니다.

오늘날 최첨단의 다양한 과학 기술 장비를 이용하여 뇌에 대한 연구가 활발히 진행되고 있습니다. 그중에서도 뇌의 발달과 노작 교육 간의 관련성에 대한 새로운 연구가 전개되고 있으며, 뇌에 대한 연구는 새로운 정보를 제공해 주고 있습니다. 즉, 노작 교육의 실습장에서 왜 실습 활동(practice)을 중시하고 주장해야 하는지, 학생들에게 실습 활동을 왜 제공하여야 하는지에 대한 정보의 실마리가 밝혀지고 있습니다 (이춘식, 2015). 이러한 정보를 제공해 주는 것은 아래 표와 같은 '뇌 영상 기술(brain imaging technology)'에 힘입은 바가 큽니다(Greenfield, 1996; Jensen, 1998; Sylwester, 1995).

〈뇌 연구를 하기 위해 사용된 영상 기술〉

용어 약칭	명 칭	특 징
CAT	컴퓨터 단층 조영 기술 (Computerized Axial Tomography)	X선을 이용하여 뇌의 상세한 부분까지 보여 주는 기술이다. 뇌 주변에 수많은 X선을 투사하여 얻은 자료를 디지털화하고, 원하는 부분의 횡단면의 정보를 얻을 수 있다.

MRI	자기 공명 영상 기술 (Magnetic Resonance Imaging)	인체를 구성하는 물질의 자기적 성질을 측정하여 컴퓨터를 통하여 다시 재구성·영상화하는 기술이다. MRI는 X-ray처럼 이온화 방사선이 아니므로 인체에 무해하고, 3D 영상화가 가능하고 CT에 비해 대조도와 해상도가 더 좋으며, 원하는 면의 인체 단면상을 만든다. 이 기술의 비결은 원자핵의 일부를 이루는 양성자가 자력에 민감하다는 데 있다. 뿐만 아니라, 화학적으로 다른 요소를 지닌 양성자들은 자력과 무선 신호에 서로 다르게 반응하기 때문에 이와 같은 반응 양식의 차이를 활용하여 그 반응을 영상화시켜 인체도를 만들 수 있다.
fMRI	기능성 자기 공명 영상 촬영 기술 (functional Magnetic Resonance Imaging)	MRI보다 비용이 저렴하고 속도가 빠른 기술이다.
NMRI	핵자기 공명 영상 기술 (Nuclear MRI)	MRI보다 30,000배 이상 빠르고 매 0.05초마다 영상을 촬영하는 기술이다.
PET	양전자 단층 촬영 기술 (Positron Emission Tomography)	인체 내의 여러 기본 대사물질에 양전자를 방출하는 방사성 동위원소를 결합한 의약품을 체내에 주입한 후 양전자와 물질 간의 상호작용으로 발생하는 소멸 방사선을 체외에서 전산화 단층 촬영(CT) 영상을 만들어 인체의 생화학적 변화를 영상화할 수 있는 새로운 촬영 기법이다.
EEG	뇌파 (Electroencephalogram)	뇌의 수많은 신경에서 발생한 전기적인 신호가 합성되어 나타나는 미세한 뇌 표면의 신호를 전극을 이용하여 측정한 전위를 이용하여 영상을 만든다. 뇌파 신호는 뇌의 활동, 측정 시의 상태 및 뇌 기능에 따라 시공간적으로 변화하는 뇌파를 측정한다.
MEG	뇌자도 (Magnetoencephalo- graphy)	신경 세포에서 발생한 미세 전류의 자기장을 검출하여 영상을 만든다.

지금까지 밝혀진 새로운 뇌의 연구 결과는 다음과 같습니다(Wolfe & Brandt, 1998).

첫째, 뇌는 경험의 결과에 따라 생리적인 변화가 일어납니다. 뇌가 정상적으로 역할을 할 수 있는 능력의 상당 부분은 환경이 결정합니다. 이러한 주장에 대해서는 유전적인 요인과 환경적인 요인으로 논쟁이 되고 있는 부분이기도 합니다. 그러나 새롭게 이해해야 할 것은 유전적인 요인과 환경적인 요인을 체계적인 방법으로 이용해야 한다는 것입니다.

둘째, 지능지수(IQ)는 출생 시에 확정되어 있는 것이 아닙니다. 과학자들은 모든 건강한 뇌는 일정 연령에 이르기까지 성장하고 발달하다가 그 이후부터는 뇌가 성장하지 않고 점점 쇠퇴한다고 믿어 왔습니다(Gross, 1991). 이러한 사실은 어린 나이에 학습해야 하는 설명으로 보편화되었고, 나이가 들어감에 따라 기억과 지식을 점점 잊어버리게 된다는 것입니다. 그러나 한편으로는 인간이 점점 더 지능을 발달시킬 수 있는 방법을 발견하기도 하였습니다. 여기서 말하는 지능이 복합 지능 요소를 말하든 아니면 단순 지능을 의미하든 인간의 삶 전체를 통하여 발달하는 능력이 있다는 것입니다(Sylwester, 1995). 물론 그렇게 하기 위해서는 지능을 개발하도록 뇌를 자극하고, 적절한 환경을 조성해 주어야만 합니다.

셋째, 어떤 능력은 일정 시기의 민감기(sensitive periods)에 또는 기회의 시기(windows of opportunity)에 쉽게 얻을 수 있습니다.

넷째, 학습은 감정(emotion)에 의해 강하게 영향을 받습니다. 감정에 대한 연구는 학습에 영향을 주는 두 가지 역할을 합니다. 즉, ① 감정은 경험을 직접 기억나게 하는 정도에 영향을 미치는 특별한 학습 경험과 관련되어 있으며, ② 특별한 학습 경험으로부터 받은 너무 강한 감정은 학습자가 기억하고 있는 정보를 회상시켜

(recalling) 경험과 관련짓는 것을 억제시킵니다.

이와 같은 네 가지의 원리에서 교수·학습에 주는 영향과 시사점을 얻을 수 있습니다. 만일, 실생활에서 우리가 자동차를 고치려고 하면 대부분 카센터에 갈 것이고, 법적인 도움을 받으려면 변호사를 찾을 것입니다. 그렇다면 뇌에 대하여 이해하기 위해서 그리고 어떻게 학습하는지에 대하여 알아보려 한다면 선생님에게 찾아갈까요? 아마도 그렇지 않을 것입니다. 그럼에도 불구하고 매년 수백만 명의 부모들은 자녀들의 담당 교사들이 적어도 뇌에 대하여, 학습하는 과정이나 방법에 대하여 무엇인가를 알고 있다고 믿고 있습니다(Jensen, 1998).

따라서 교사들은 교과목을 가르치는 것 이외에 어떤 과정으로 어린이들이 학습을 하는지, 어떻게 어린이들이 뇌에 감각적인 정보를 받아들여 지식으로 만드는지 등에 대하여 알아야 할 책임이 있습니다. 그래서 뇌의 체제에 대한 실제적인 이해를 바탕으로 교사가 가르치는 과정을 접목해 나가는 방법이 바로 뇌의 원리에 따른 교수(brain-compatible teaching)라고 할 수 있는데, 이럴 때 어린이들이 가장 효율적으로 학습할 수 있습니다.

새로운 뇌에 대한 연구는 보다 훌륭한 교사, 보다 유능한 실과 교사가 되는 데 도움을 줄 수 있습니다. 우리는 뇌에 대한 연구를 학교의 모든 장면에 이용할 수 있으며, 사회에서도 뇌에 대한 새로운 연구를 적용할 수 있습니다. 아동들의 뇌를 건강하게 발육시키기 위해서는 아이를 낳고 기르는 것에 대한 새로운 정보가 절대적으로 필요합니다.

노작 교육자들은 어떻게 어린이들의 뇌가 발달하고 학습하는지에 대하여 이해함으로써 지대한 혜택을 받을 수 있습니다. 오늘날에는 실과의 교육과정, 실습실, 교수 방법, 평가 절차, 학급 경영, 학문적 원리, 위험에 조정하는 방법 등에 대하여 도움을 주는 많은 정보를 얻을 수 있습니다. 뇌에 대한 정보를 잘 이용하면 기억에 도움을 주는 잠의 중요성과 같은 개인적인 생활에 도움을 받을 수 있습니다. 뇌 연구에 대한 많은 정보는 실과 교육의 여러 면에서 유익한 영향을 줄 수 있습니다. 아마도 가장 중요한 것은 새로운 뇌에 대한 연구가 교육 개혁의 도구로 사용될 수 있다는 점입니다.

앞에서 제시한 Wolfe와 Brandt(1998)의 연구 결과와 기타 다른 연구에 기초한 네 가지 원리로부터 노작 교육과 뇌에 대한 연구를 관련지어 그 유용성을 제시하고자 합니다.

첫째, 초등학교에서 발명교육의 내용을 가르치는 것은 보다 중요한 의미를 갖고 있습니다. 심지어 초등학교 이전의 유치원에서도 지금까지 우리가 생각하고 있던 것 이상으로 발명과 관련된 내용은 중요한 의미를 갖고 있습니다.

이와 관련된 연구의 하나로, 상호 유사한 방법이라고 할 수 있는 문제 해결 활동, 비판적인 사고(critical thinking) 활동, 프로젝트 활동, 종합 활동 등은 정규적인 피드백을 통해서 완성됩니다. 그리고 아동의 비판적인 사고 발달 단계 시기에서의 학습과 여러 가지 활동의 기회를 통하여 뇌의 발달이 극대화된다는 것입니다(Jenson, 1998).

둘째, 발명교육을 위한 실습장은 학교의 시설 가운데 가장 유용하고 쾌적한 환경을 갖추도록 해야 합니다. 왜냐하면 실습장에서의 활동이 아동의 뇌 발달에 긍정적으로 영향을 끼치며, 모든 교과 영역에서의 학습에도 영향을 주기 때문입니다. 학생들을 위한 풍요로운 환경으로는 다음과 같은 것을 들 수 있습니다(Wolf & Brandt, 1998).
① 인간의 모든 감각을 자극할 수 있는 환경, ② 과도한 기압이나 스트레스로부터 자유로운 분위기, 그러나 즐거울 정도의 습도가 있는 환경, ③ 학생들에게 너무 어렵거나 너무 쉽지 않을 정도의 적절한 일련의 도전을 줄 수 있는 환경, ④ 의미 있는 활

동을 하기 위한 상호작용을 할 수 있는 환경, ⑤ 광범위한 기능 발달을 촉진시키고 정신적·신체적·심미적·사회적·정서적인 흥미를 유발하는 환경, ⑥ 학생들 자신이 노작 활동을 선택할 수 있는 기회와 그러한 활동을 수정할 수 있는 기회도 아울러 제공할 수 있는 환경, ⑦ 재미있는 학습과 탐구 활동을 촉진시킬 수 있는 즐거운 분위기를 제공하는 환경, ⑧ 학생들이 수동적인 관찰자보다는 적극적인 참여자가 될 수 있도록 도와줄 수 있는 환경 등입니다.

셋째, 발명교육은 아동들의 다중 지능(multiple intelligence)과 아동에게 잠재되어 있는 천재성을 개발할 수 있는 가장 좋은 교육과정입니다. 기술 교육에서는 아동들의 정체성을 발견하고 발휘할 수 있는 기회를 자연스럽게 부과할 수 있습니다.

이러한 것은 Gardner(1983)가 주장하는 7가지 지능 즉, 언어적 지능[7], 논리-수학적 지능[8], 공간적 지능[9], 신체 운동 감각적 지능[10], 음악적 지능[11], 대인 간 지능[12], 개인 내 지능[13] 중의 하나라고 할 수 있습니다. 또는 Armstrong(1998)이 말하는 12가지 천재적인 자질, 즉 호기심, 장난을 좋아하는 행동, 상상력, 창의성, 놀라는 성격, 지혜, 발명가적 기질, 지구력, 감성, 유연성, 유머, 즐거움을 자연스럽게 기를 수 있는 교과입니다.

넷째, 다양한 활동과 실습장이 필요한 기술 교육은 아동들의 건강한 뇌의 발달과 학습을 위해서 필요한 아동의 긍정적인 정서를 전달할 수 있는 환상적인 통로가 될 수 있습니다. 기술 교육자들은 아동들이 많은 면에서 자기 자신을 긍정적으로 느끼

---

 7) 말로 하든 글로 표현하든 언어를 효과적으로 구사하는 능력이다(낱말 재능꾼).
 8) 숫자를 효과적으로 사용하고 추론하는 능력이다(수 재능꾼, 논리 재능꾼).
 9) 시각적·공간적 세계를 정확하게 지각하는 능력이다(그림 재능꾼).
10) 자신의 모든 신체를 이용해서 어떤 생각이나 감정을 표현하는 능력이다(몸, 운동, 손 재능꾼).
11) 음악적 표현 형식을 지각하고, 변별하고, 변형하고, 표현하는 능력이다(음악 재능꾼).
12) 타인의 기분, 의도, 동기, 감정을 지각하고 구분할 수 있는 능력이다(사람 재능꾼).
13) 자기 자신에 대한 객관적 이해 및 지식과 그에 기초하여 잘 행동할 수 있는 능력이다(자기 재능꾼).

게 하는 풍토를 만들어 줄 수 있다고 믿습니다. 여기서 말하는 긍정적인 정서, 감정, 성격 등을 갖도록 하는 학습에는 학생들이 편안한 감정, 남의 의견을 받아들이는 감정, 감사하는 마음, 바람직한 감정, 행복한 감정, 만족할 수 있는 성격, 도와주는 마음, 낙관적인 성격, 존경하는 마음, 안전한 느낌, 긴장을 푸는 성격, 흥미를 갖는 성격, 독립적인 성격, 신뢰하는 마음, 충분한 소임을 감당할 수 있는 성격, 능력을 갖추는 성격, 자신감을 갖는 마음, 가치를 갖는 성격, 호기심을 갖는 마음, 정열적인 감정, 대인 관계를 지속할 수 있는 성격 등을 갖추어야 할 것입니다(Hein, 1998).

지금까지는 뇌의 비밀이 베일에 가려져 있지만, 장차 언젠가는 뇌에 대한 신비와 아동이 어떻게 학습하는지에 대한 과정에 대한 의문이 완전히 풀릴 것입니다. 그렇게 된다면 우리는 학생들을 심오하고 효율적으로 가르칠 수 있을 것입니다. 지금은 아동들이 가장 잘 배울 수 있는 인지 과정을 완전히 이해할 수 없고, 가장 효율적인 여러 가지 교수 방법을 확실하게 상호 연결하지도 못하고 있습니다.

오늘날까지도 뇌에 대한 연구는 광범위하게 이루어지고 있으며, 이러한 연구가 장차 학교의 미래가 어떻게 될는지에 대해 애를 태우고 있습니다. 하지만 요즘 뇌에 대한 새로운 사실이 발견되고 있어서 우리의 기대를 높여 주고 있습니다. 그래도 교육 전문가들은 뇌의 정보 처리 과정이나 학습 과정에서 새로운 정보가 있을 때, 이를 비판적으로 읽고 활용할 수 있는 책임을 갖고 있어야 합니다.

지금까지의 결과만 보더라도 기술 교육이 뇌의 발달에 기여하는 바는 분명히 있음을 알 수 있습니다. 무작정 주장만 하는 것이 아니라 어떤 활동이 뇌의 발달에 영향을 주는지에 대해 관심을 가져야 할 것입니다.

따라서 발명은 좌측 뇌와 우측 뇌를 모두 자극할 때 좀 더 효율적이고 효과적인 결과를 가져올 수 있습니다. 교육을 받는 시기에 좌뇌와 우뇌를 좀 더 골고루 자극하고 활동할 수 있도록 하며, 이를 활용할 수 있는 방법을 알려 준다면 성인이 되는 시기인 20세가 되면 그들은 직업 속에서 좀 더 창의적 인재로 사회 속에서 빛을 발할 수 있게 될 것입니다.

그래서 발명교육에는 단순히 발명을 위한 이론 교육만 필요한 것이 아니라 좌뇌와 우뇌를 깨울 수 있는 교육 환경이 반드시 들어가야 하는 것입니다. 이것이 발명교육이 아이디어를 만들거나 특허 출원만 하는 교육이 되어서는 안 되는 이유입니다.

6) 발명은 국가적 · 지역적 제한을 받지 않는다

선진국에서 창의 교육을 중요시 여기고 교육하는 이유가 여기에 있습니다.

선진국의 교육 시스템을 들여다보면 그 해답을 찾을 수 있습니다. 선진국의 교육은 암기 위주의 교육이 아닙니다. 문제 해결을 위한 개인의 창의적 능력을 키우는 교육, 그 능력을 평가하는 교육 시스템으로 이루어져 있습니다. 대표적으로 미국, 영국, 일본, 중국 등을 사례로 들 수 있습니다.

미국은 '프로젝트 2061'이라는 과학 교육 개혁 프로그램을 진행하고 있습니다.

이 내용의 중요 사항을 들여다보면, 첫째, 장기적 관찰입니다. 유치원 시기에 교육을 시작하여 20세가 되는 시기에 이르기까지 교육적 효과를 지속적으로 관찰하고 있습니다.

둘째, 민간 주도의 교육 연구로 지속적으로 연구하고 학습자를 관찰할 수 있도록 연구를 독립적인 형태로 진행한다고 합니다.

셋째, 대상이 놀랍습니다. 모든 시민이 과학적 소양을 갖도록 육성하는 데 그 목표를 두고 있다는 점입니다.

발명교육은 특수 영재를 대상으로 한 교육이 아니라 모든 학생들에게 동등한 교육의 기회가 주어져야 하며, 교육이 이루어져야 한다는 필자의 주장과 일맥상통한 부분이어서 매우 공감하는 부분입니다.

영국은 '사회 속의 과학'이라고 하여(2002) 영국 또한 그 대상을 시민으로 하여금 시민의 과학적 소양과 과학 기술적인 생활 태도를 기르기 위해 과학 문화 운동, 과학 시민운동으로 교육이 펼쳐지고 있습니다.

즉, 기술의 보편적 문화 확산을 위해 과학 기술의 생활화를 이끌어 내고 있는 것입니다. 기술의 보편적 문화는 과학 마인드를 갖게 하여 누구나 창의적 문제 해결 방법을 생활 속에서 생각하고 그 답을 찾을 수 있도록 교육하는 제4차 산업에 꼭 필요한 문화 교육이자 기술 교육, 과학 교육인 것입니다. 이것이 시민 교육으로 추진되었던 것입니다.

일본은 일찍이 1999년에서 2001년부터 과학 기술을 국가 생존 전략으로 삼고 이를 위한 연구 개발과 과학 문화 확산에 집중 교육 및 투자를 하고 있습니다. 그 결과 지금까지 일본은 새로운 발명과 특허 기술의 선도적 국가로 자리 잡고 있습니다.

중국은 '프로젝트 2049'(2002-2049)라는 목표를 갖고 중국의 자본과 기술을 접목한 자본 투자를 통해 산업 발전의 선두 주자로 나서고 있습니다. 중국의 발전이 갑자기 부각된 듯하지만 저변을 살펴보면 중국은 이미 거대 자본과 인적 자원을 통해 제4차 산업의 새로운 선두 주자로 경제 성장을 이끌어 나가고자 하는 장기 프로젝트를 일찍부터 시행해 왔습니다. 물론 조금씩 변화는 있을 수 있으나, 거대한 프로젝트의 목표는 변동이 없습니다. 제4차 산업 시대에 적합한 새로운 인재 양성을 통해 세계 자본 시장 1위를 목표로 그들은 이미 다음 세대를 준비하고 있는 것입니다.

이렇게 많은 국가들이 과학 기술 교육을 시민적 운동 교육으로 이끌어가는 것은 무엇 때문일까요? 바로 '특허'라고 하는 신기술 전쟁이 시작되었기 때문입니다. 이미 시작된 특허 전쟁은 전 세계적으로 신 자본을 창출할 '새로운 지적 자원'이기 때문입니다. 이 자원은 사람으로부터 나오기 때문에 '인재가 미래다'라는 문구가 나오게 되었던 것입니다. 이제는 세계적으로 아이디어 전쟁이 시작된 것입니다.

7) 발명은 경제 수익을 창출합니다

발명은 재산입니다.

발명은 광물입니다.

발명은 미래입니다.

제가 발명을 재산이나 광물, 미래로 정의한 데에는 이유가 있습니다. 발명을 해 보니 발명이 곧 재산이 되는 일들이 발생했고, 그 재산의 가치는 발명의 내용에 따라 매우 무궁무진한 가치를 지닌다는 것입니다. 따라서 발명은 새로운 자원인 것이며, 우리가 이를 위한 교육 프로그램을 준비하지 않으면 세계 경제의 싸움에서 한계에 부딪치는 일들이 발생할 수 있습니다.

소수 교육을 통한 소수 인재만으로는 국가 경쟁력을 지켜낼 수가 없습니다. 새로운 교육을 통해 인재를 양성하고, 국가 전반적으로 인재가 산업 현장 곳곳에 배치되고, 또 퇴직 후에도 이루어질 수 있는 지속적 생산 활동이 지원되어야만 하는 것입니다. 이런 면에서 발명은 그 무엇보다 가장 중요하고 적합한 교육 영역입니다.

특허 출원을 위해 특허청 서울 사무소를 드나들 때 특허청사에 있는 글귀가 제 눈을 사로잡았습니다. '뛰어난 아이디어 하나보다 많은 아이디어가 더 가치 있다'는 의미 있는 내용을 가진 글귀였습니다. 즉, 다수의 아이디어 속에서 어느 작은 아이디어 하나가 일과 연결되어 성공할 수 있는 길이 열릴 것이라는 내용이었습니다.

필자는 아이디어를 상품으로 개발하면서 발명 특허를 출원하고 등록하기까지 수많은 시행착오 과정을 거쳤습니다. 그리고 하나 또는 두 가지의 특허로 만족하지 않고 다수의 특허를 출원, 등록하여 소유하게 되었습니다. 이러한 과정에서 특허청에 걸려 있는 작은 문구가 필자에게 큰 위로를 주었습니다.

‘아무리 많은 아이디어와 특허를 가지고 있어도 결국 수익으로 직결되지 않으면 무슨 소용이 있을까?’라는 질문은 필자 스스로에게 던진 말이었습니다.

‘내게 많은 아이디어가 있지만, 작은 아이디어들이 일과 직결될 확률이 높다?’

‘정말 가능할까?’

라는 질문을 스스로에게 던지며 많은 아이디어들을 특허 출원했었습니다. 그 결과 저는 아이디어가 자본으로 만들어지는 과정들을 경험할 수 있었습니다.

❶ 사례 1. 아이디어 메모 수첩

발명을 하다 보니 아이디어를 적어 둘 전문 수첩이 필요했습니다. 그래서 생각하게 된 것이 ‘아이디어 메모 수첩’이었습니다. 처음에 필자는 이 아이디어 메모 수첩에 아이디어를 적고 다듬어 가며 발명을 했습니다.

이후 발명교육을 하기 위해서는 좀 더 체계적인 자료들이 필요한데 무엇으로 좋을까 하고 고민하던 중 ‘아이디어 메모 수첩’을 활용해 보는 것이 좋겠다는 결론에 이르게 되었습니다. 그래서 아이디어 메모 수첩과 아이디어 노트를 만들어 직접 사용해 가면서 발명교육을 하였습니다. 그리고 그 결과들은 하나의 포트폴리오 자료로 나타났습니다.

아이디어 노트(브레인스토밍과 마인드맵)를 현장에 적용하여 진행한 지는 10년이 넘어갑니다. 아이디어 노트는 유치부부터 초·중·성인 대상으로 모두 교육 자료로 활용이 가능합니다. 그러나 이를 상품화하여 판매 시장에 내보내는 것에는 한계가 있었습니다. 왜냐하면 노트를 만들던 시기에 아이디어 노트의 중요성을 알고 있는 사람은 저 혼자였기 때문입니다.

그러나 아이디어 메모 수첩은 달랐습니다. 아이디어 메모 수첩인 경우 학생들도 사용할 수 있지만 대학생, 직장인도 모두 사용 가능한 것입니다. 이렇게 생산된 아이디어 메모 수첩은 롯데마트 전국 지점에 납품되었고, 그 판매는 1차 매진을 이루게 되었습니다. 이후 저는 아이디어가 상품화되어 재산으로 돌아오는 하나의 지적 자원의 경험을 하게 되었습니다.

❷ 사례 2. 앨범 북

앨범 북은 아주 독특한 경우입니다. 제가 많은 사진들을 분류하며 사진을 잘 정리할 방법을 찾고 있던 중에 탄생한 아이디어 상품입니다.

'앨범 속에 든 사진의 종류를 겉에서도 확인할 수 있으면 얼마나 좋을까?'라는 고민을 가지고 시작된 연구는 앨범 표지에 액자를 붙이는 더하기 발명 기법이었습니다. 앨범의 딱딱한 하드커버에 예쁜 액자를 달게 되니 제법 그럴 듯했습니다. 재미있고 멋진 앨범 북이 되었습니다. 이후 특허 출원과 등록을 마치고 등록증까지 받게 되었습니다.

그리고 얼마 되지 않은 날이었습니다. 제가 가지고 있는 특허증 속의 상품이 대형 마트의 판매장에서 판매되고 있는 것이었습니다.

"어, 이거 뭐야!"

제 눈을 의심할 만큼 깜짝 놀랄 만한 일이 벌어진 것이었습니다.

앨범 북이 완제품이 되어 매장에 전시되어 있는 것이 아니겠습니까?

이후 이 제품을 통해 특허 기술 이전이라는 새로운 경험을 하게 되었습니다.

지식재산은 제2의 노후 설계까지도 이룰 수 있는 자본력을 가지고 있습니다. 지식재산은 나이와 직업에 상관없이 경제 수익 창출에 있어서 개인뿐 아니라 기업적, 국가적 경제 수익을 발생시키는 재산입니다. 따라서 지식재산 교육은 매우 중요한 것입니다.

삼성과 애플의 특허 전쟁도 이와 같은 사례인 것입니다. 누가 어느 기술을 가지고 특허를 소유하고 있느냐에 따라 자본 시장 경쟁력이 달라지기 때문에 그 특허 기술의 싸움은 매우 치열한 것입니다.

2. 특허, 제대로 알기

특허란 무엇일까요?

특허란 하나의 인증서입니다. 고유인의 아이디어를 공식 인정해 주는 인증이 특허이며, 그 서류가 바로 인증서인 '특허증'입니다.

발명과 특허라는 단어는 서로 떼려고 해도 뗄 수 없는 관계이지만, 엄연한 차이가 있습니다. 발명은 새로운 아이디어의 발상, 착상으로 시작의 단계에 해당하지만, 특허는 발명을 통해 존재하고 유지되며, 인증받을 수 있는 과정과 결과(인증서)인 것입니다.

따라서 발명, 특허 교육을 위해서는 발명적 교육이 집중적으로 접목되고 지도되어야 합니다. 특허는 일정한 기간 동안 특허의 절차 및 특허에 대한 지식재산 권리에 대한 지도가 있으면 충분히 지도가 가능한 것입니다.

그러므로 특허는 아이디어의 결과를 서면상으로 인정받는 것으로 이해하면 됩니다. 이것이 바로 자격증처럼 주어지는 고유 아이디어에 대한 자격증인 '특허증'이기 때문입니다.

한 개인이 한 가지의 특허를 가지고 있다는 것은 매우 칭찬하고 격려할 부분입니다. 왜냐하면 한 분야에 대해 특허를 가지고 있다는 것은 아이디어 발상에서부터 시작하여 오랜 시간과 연구 기간 동안 무수한 노력과 시행착오를 겪고, 가장 중요하고 필요한 기술적 연구를 걸쳐 특허를 받기 위한 절차도 통과하여 그 증명서를 받았기 때문입니다. 즉, 시간, 경비, 연구의 노력 결과로 주어진 최고의 아이디어의 자격증이 특허이기 때문에 '특허증'을 가지고 있는 사람이 인정받는 것입니다.

그래서 특허는 굉장한 위력을 가지고 있습니다. 특허증 하나로 사람에 대한 모든 평가를 진행할 수도 있기 때문입니다. 이것이 바로 기업에서 특허 교육을 받았거나 특허를 가지고 있는 개개인을 우선 선발하는 이유이기도 한 것입니다.

정리해 보겠습니다.

특허란 무엇이겠습니까? 특허란 개인의 발명(고유 아이디어)이 공식적으로 인정받는 서면적 과정이자 증명이라고 할 수 있습니다.

3. 지식재산 교육, 제대로 알기

발명은 보이지 않던 것을 보이는 새로운 상품으로 만들어 내는 것입니다. 즉, 발명은 아이디어(어떤 일에 대한 착상이나 구상)를 가지고 보이는 새로운 상품으로 만들어 내는 것을 말합니다. 아이디어는 다양한 유형을 가지고 있습니다.

발명은 최초의 새로운 상품으로서 새로운 발견인 것입니다.

그렇다면 특허란 무엇일까요?

특허는 발명된 발명품(유 · 무형)이 최초의 것이며, 서면 절차를 통해 국가 및 세계적으로부터 기술을 인정받은 고유의 지식재산입니다. 이에 대한 증명서가 '특허증'입니다. 따라서 발명, 특허 분야의 지식재산 교육은 별도의 교육과정과 대상별 교육 방법이 다르게 적용되는 것입니다.

1) 발명가가 될 것인가?

최초 발명을 시작했을 때 발명과 특허의 구분조차 하기 어려웠던 시절이 있었습니다. 그 당시 필자로서는 발명이 무엇이고, 특허가 무엇인지 구분이 되지 않아 동일한 말 같기도 하고, 다른 말 같기도 했습니다. 도대체 '왜 이렇게 발명이라는 단어 하나를 다르게 말하는 거야?'라고 생각했습니다.

그래서 '발명, 특허 교육을 어떻게 지도할 것인가?'에 대한 답을 찾기 전에 발명 지도자는 반드시 발명, 특허에 대한 선제적 이해가 필요하다는 것을 알게 되었습니다. 따라서 발명을 하고자 하는 자는 자신의 방향이 '발명에 있는가?', '발명교육가가 될 것인가?'를 먼저 분별하여 보아야 합니다.

대한민국의 발명교육이 모두 '발명가 양성'으로 교육된다면 분명 교육의 한계점에 다다를 때가 올 것입니다. 지식재산 교육은 '발명가' 양성이 교육의 전부가 아니라는 점을 말씀드리고 싶습니다.

지식재산 교육은 발명가 양성 교육이 아닙니다. 한 사람 개개인의 직업, 진로, 삶 속에서 자신만의 장점을 살려 새로운 기술적 발견을 할 수 있도록 하는 '지식재산에 대한 인식' 교육, '삶 속의 창의적 사고'를 통해 필요할 때는 누구나 '특허'를 통한 산업적 기술을 만들 수 있는 '지식재산 교육'으로 이루어져야 하는 것입니다. 이것이 바로 선진국에서 진행하고 있는 창의적 인재 양성, 과학 문화 운동, 과학 시민운동과 일맥상통하는 내용입니다.

만일 발명가 양성을 위한 교육을 해야 한다면 다음과 같은 교육만이 필요합니다.

❶ 발명품 개발 중점 교육

이는 다양한 발명 기법을 익혀 발명을 할 수 있도록 발명품 개발 교육을 하면 됩니다. 이는 현재 대한민국의 발명교육 현장 속의 대부분의 교육 방법입니다.

❷ 특허 출원 교육

발명을 한 후 재산적 가치를 보장받기 위해서는 특허 출원 교육을 하면 됩니다. 이는 변리사 양성을 위한 교육 내용을 참고하면 됩니다. 발명을 직업으로 갖고자 하는 사람들에게 특허 출원을 위한 집중적 교육과정은 필요합니다. 변리사 직업의 중요 내용 중 특허 출원 부분이 있는 것처럼 발명가 양성에서도 언제든지 스스로 아이디어를 정리하여 특허 출원을 진행할 수 있도록 과정과 방법을 지도할 필요는 있습니다.

2) 발명교육가가 될 것인가?

발명교육을 연구하며 깨달은 것은 발명을 위한 아이디어 발상도, 특허 출원도, 특허증도 그 중요도가 첫 번째는 아니라는 것이었습니다.

발명교육은 개개인의 신원, 신분, 정체(identity)를 찾아 주는 교육으로 이루어져야 합니다. 그래서 발명교육가는 학습자 개인의 정체성이 이루어질 수 있는 교육으로 접근되어야 합니다.

발명교육가는 발명에 대한 융합적 내용을 교육적 접근을 통해 교육자로서 지도되어야 하고, 더 나아가 이는 누구나 개인의 정체성을 찾을 수 있는 내용으로 이루어지게 된다는 것입니다.

학습자 개인의 정체성에 대한 교육은 무엇으로 어떻게 접근할 것인가? 이것이 발명교육가의 고민이며 풀어야 할 숙제입니다.

따라서 발명교육가는 발명에 대한 이해와 발명교육에 대한 이해 두 가지 모두를 학습하여 익혀야 하며, 더 나아가 개인의 정체성을 깨닫고 이를 표출시킬 수 있는 발상적 학습을 해야 하는 것입니다.

3) 발명과 지식재산(권)

지식재산이란 한 개인이 가지고 있는 지식이 재산으로서 보유하게 되는 것입니다. 즉, 재산으로서 경제 수익 창출을 가져다줄 수 있는 지식이 바로 지식재산 범위에 해당합니다. 그래서 지식재산을 말할 때에는 분야와 권리가 나누어져 있습니다. 법리적 해석을 위해서는 지식재산권법에 관한 자료들 속에서 그 분야와 권리를 알 수 있습니다.

❶ 지식재산의 헌법적 근거

지식재산에 대해서는 대한민국 헌법 제22조에 그 정의가 내려져 있습니다.

> 1) 모든 국민은 학문과 예술의 자유를 가진다.
>
> 2) 저작자, 발명가, 과학 기술자와 예술가의 권리는 법률로써 보호한다.

즉, 개인의 지식에 대한 지적 창작물에 대해서는 대한민국의 법률을 통해 보호된다고 하는 지식재산권의 헌법적 근거가 마련되어 있는 것입니다. 이는 곧 개인의 아이디어에 대한 지적 창작물이 개인의 재산으로서 그 권리가 보호된다는 의미입니다. 아무리 국가라 하더라도 개인의 지적 재산에 대한 권리는 무료로 사용할 수 없는 것입니다.

필자는 이 내용을 보면서 많은 청소년들과 청년들에게 말해 주고 싶은 것이 있습니다. 어려운 가정환경의 벽을 스스로 뛰어넘을 수 있는 길과 방법이 있다고요.

사람에게 있어 재산의 분류는 동산적 재산과 무형적 재산으로 나눌 수 있는데, 이때 아이디어만 있다면 누구나 무형적 재산을 만들 수 있는 길이 열려 있다는 것을 알려주고 싶습니다.

그렇다면 이 지식재산의 헌법적 근거에 대한 내용은 어떻게 지도하는 것이 좋을까요?

❷ 지식재산(권) 교육 방법

지식재산에 대한 교육적 접근은 매우 지루하고 재미없는 시간이 될 수 있습니다. 법리적 이해의 지식재산 권리에 대한 것은 법률적 언어와 내용으로 이루어져 있으므로 매우 딱딱하고 지루합니다. 그러나 법적 소송 등 재산적 문제를 다룰 때는 가장 명확한 법적 기초 자료가 되는 중요한 내용이므로 발명교육에서도 다루어야 할 부분입니다.

지식재산(권)에 대한 교육 방법은 관련 자료를 통해 이해 수업으로 들어갈 수 있습니다. 관련 자료와 내용을 통해 서면적 교육이 이루어질 수 있습니다. 그러나 모든 교육을 이렇게 할 필요는 없습니다. 왜냐하면 모든 사람이 법리적 해석이 필요한 관련 업무를 하지 않기 때문에 지식재산의 변호 업무를 다룰 직업 분야가 아니라면 교양 과목처럼 기초적 이해 자료만 교육하는 것으로도 충분합니다.

제가 사용한 법리적 이해의 지식재산(권)에 대한 교육 방법은 위와 같은 기초적 자료를 활용한 것이었으며, 또 다른 방법을 도입하여 학습을 하기도 했습니다. 이 방법은 실증적 자료를 가지고 법리적 해석으로 들어가는 교육 방법이었습니다.

즉, 지식재산에 대해 삶 속이나 산업 현장 속에서 일어난 사례를 가지고 법리적 해석을 접근하여 이해하는 방법이었습니다. 이 방법은 학습자의 연령에 따라 사례를 다양하게 선택하여 관련 자료에 접근할 수 있으며, 동영상 자료를 활용할 수도 있으므로 훨씬 쉽고 재미있게 법리적 해석에 접근할 수 있습니다.

굉장히 재미있는 일은 학습자들의 뇌 활동의 발달 영역에 따라 접근하는 방식과 이해가 다르게 전달되고 수용되는 것을 볼 수 있었습니다.

평소에 창의적 사고 능력을 관장하는 우뇌적 사고 능력이 뛰어난 인문학 분야의 학생들은 매우 쉽고 재미있게, 다양한 접근으로 수업을 하였으나, 좌뇌가 발달한 공학 분야의 전공 대학생들은 아이디어라고 하는 '창의' 영역을 다루는 부분들을 어려워했습니다. 그리고 그 결과들에 대해 큰 차이가 없었습니다.

필자가 사용한 영상물을 활용한 지식재산(권)의 수업 접근 방법의 사례를 소개해 드리겠습니다.

❸ 사례 1

주제 : 숨은 지식재산권 찾기

방법 : 최신 프로그램을 선택하여 영상 수업을 진행하였다.

[예] Miss A의 "I don't need a man" 동영상 진행

  a. 영상을 모두 상영한다(일정한 시간 간격으로).

  b. 영상에 대한 의견 나누기

  c. 제목과 영상물에 대한 브레인스토밍하기

d. 영상 속에 나타난 아이디어 찾기

e. 찾아낸 아이디어를 칠판에 기록하기

  (이때 발표된 아이디어는 모두 다르게 나타났다. 왜냐하면 각 개인이 바라본 시각이 달랐기 때문이다.)

f. 아이디어들을 10~15개 정도로 제한하여 기록하기

g. 발표된 아이디어들을 칠판에 기록한 후 분석하기

h. 지식재산권 분야를 칠판에 기록한 후, 칠판에 기록된 아이디어 분야와 관련성 있는 것끼리 서로 짝을 찾기

i. 지식재산 권리의 분야를 설명하고, 배포된 자료를 통해 지식재산권의 분야와 내용들을 살펴보기

  (이때 단어 선택에 있어서 영상 속의 단어 선택에는 제한을 두지 않고 무작위 선택으로 한다.)

결과 : 영상물 속에 존재하는 지식재산이 생활 속에 깊숙이 들어와 존재한다는 사실을 누구나 알게 되었으며, 쉽게 이해할 수 있고, 교육 자료를 활용하기가 쉬웠다.

4. 발명교육의 범위

초등 수준에서의 발명교육의 목표는 '발명의 인식과 구상 단계'에 해당합니다(이춘식 외, 2006). 이 단계에서는 일상생활에서 발명의 중요성을 인식하고, 기초적인 발명 기법을 습득하여 간단한 발명품을 구상함으로써 발명에 대한 적극적인 태도를 갖는 것을 목표로 합니다.

초등에서의 발명교육 내용은 다음과 같이 제시할 수 있습니다.

○발명의 이해

- 일상생활에서 많이 사용하고 있는 발명품의 사례를 찾아보고, 발명품이 우리 생활에 미친 영향을 설명합니다.
- 간단한 발명품의 역사를 통해 일상생활에서 발명의 중요성을 이해합니다.

○발명품의 발상

- 기본적인 발명 원리를 이해하여 간단한 발명 기법을 체험합니다.
- 지금까지 발명된 발명품을 검색하여 아이디어를 구상합니다.
- 발명 기법을 적용하여 간단한 물건을 구상하고 아이디어를 스케치합니다.

○발명과 지식재산권

- 지식재산권의 의미를 이해합니다.
- 지식재산권의 중요성과 필요성을 이해합니다.

초등에서의 발명교육 교수 · 학습 방법에서는 다음의 사항을 유의해야 합니다.

❶ 실과와 기술과의 고유 내용과 연계성을 고려하여 체계적으로 지도합니다.

❷ 발명 교실이나 특기 적성 프로그램과 중복되지 않도록 지도합니다.

❸ 지도 내용은 학생과 학교의 특성, 지역사회의 여건 등을 고려하여 내용이나 지도 순서를 달리할 수 있습니다.

❹ 시간 계획은 학습의 효과를 거둘 수 있도록 연속적으로 편성 · 운영할 수 있게

합니다.

❺ 활동 중심, 사례 중심, 체험 중심의 수업이 되도록 다양한 과제를 포함시키도록 합니다.

❻ 활동을 생활에서 찾아 친근하게 하고 발명 활동에 적극 참여할 수 있게 하여 즐거움과 성취감을 맛볼 수 있게 합니다.

❼ 학습의 효과와 흥미를 느끼게 하기 위하여 실습실에 다양한 발명품을 전시하여 동기를 유발합니다.

❽ 각 영역 내용의 지도에서는 다음 사항에 특히 유의합니다.

a) '발명의 기초' 영역에서, 초등 수준에서는 생활 속에서의 발명 인식과 구상 능력을, 중등 수준에서는 발명의 사고와 조작 능력을, 그리고 고등학교 선택과목에서는 창의적인 문제 해결을 위한 발명의 제작과 평가 능력에 초점을 둡니다.

b) '발명의 실제' 영역에서, 초등 수준에서는 발명에 호기심과 흥미를 갖게 하여 간단히 스케치하도록 하고, 중등 수준에서는 간단한 발명품을 만들어 보도록 공구의 사용법을 익히도록 합니다. 고등학교에서는 발명품의 설계에 컴퓨터를 활용하도록 하고, 이를 만들어 본 후 평가할 수 있도록 합니다.

c) '발명의 이용' 영역에서, 초등 수준에서는 생활 속에서의 지식재산권이 무엇인가를 알게 함으로써 발명과 지식재산과의 관계를 이해하게 합니다. 중등 수준에서는 산업 재산권을 이해하도록 발명과 특허에 대한 다양한 정보를 제공하고, 간단한 출원 방법과 절차에 따라 해보도록 합니다. 고등학교 수준에서는 지식재산권을 활용할 수 있도록 발명품을 사업화하는 창업 과정과 이미 가지고 있는 기술의 이전과 관련된 과정을 탐색하도록 합니다.

발명은 '어떤 것에 대한 착상이나 구상'을 말하는 것이고, 발명교육은 '발명을 위한 교육'을 말합니다. 그러므로 내가 학습자로서 발명 학습 교육을 받을 것인가, 발명교육자로서 발명교육을 지도할 것인가에 대한 질문을 던져볼 수 있습니다.

개인이 발명을 직접 하는 것과 발명교육을 가르치는 것은 교육 내용도 접근 방법도 모두 다르게 적용되고 진행된다는 것을 잊어서는 안 됩니다. 지금부터는 발명교육의 활동 범위에 대해 살펴보도록 하겠습니다.

1) 내가 직접 발명할 경우

내가 직접 발명해 보려고 한다면 직접 아이디어를 스케치해 보고 아이디어를 상품으로도 만들어 보아야 합니다. 이를 위해서는 아이디어 발상을 익혀야 하며, 아이디어를 스케치해 보고, 또한 아이디어를 상품으로도 만들어 보아야 합니다.

아이디어를 상품으로 만들어 볼 때는 재질의 장단점을 잘 관찰·연구·실험하여 제작까지 해 보아야 합니다. 그림으로만 스케치하였던 아이디어가 실물로 탄생하기까지는 그 과정이 매우 어렵기도 하고, 시간과 다양한 문제 해결 과정들을 거치게 됩니다. 쉬운 것 같지만 결코 쉽지만은 않습니다.

발명에 이르기 위해서는 다양한 과정과 단계가 있고, 그 과정 속에서 우리는 '학습'이 이루어지는 '과정 중심의 교육'이 이루어지는 것입니다.

❶ 발명 과정과 단계

1단계 : 아이디어 발상 단계(발명 사례 중심 → 아이디어 발상 → 아이디어 스케치)

2단계 : 문제 해결 과정—제품 제작(제작 방법, 제작 도구, 제작 실험)

3단계 : 제품 완성(테스트), 장단점 확인

4단계 : 특허 출원 단계

❷ 교육 범위

다음과 같이 단계별로 교육이 이루어져야 합니다.

1단계 : 아이디어 창출을 비롯한 발명의 단계적인 교육

2단계 : 시제품 제작 교육

3단계 : 완성된 시제품의 장단점 확인 과정을 통해 재보완 교육

4단계 : 완성된 상품에 대한 지식재산 권리 교육

2) 발명교육을 할 경우

발명교육 지도자가 되어 발명을 할 수 있도록 교육하는 경우를 말합니다. 이는 자신이 직접 발명을 해 본 경험이 있는 경우 훨씬 더 수월하게 학생의 입장을 이해할 수 있고, 순간순간 발생하는 문제에 대해 응급 답변 조치를 취할 수 있는 유연성을 가질 수 있습니다.

❶ 발명교육과정과 단계

발명교육과정에 있어서 그 단계는 교육 대상에 따라 과정이 다르게 접근할 수 있습니다. 다음에 기술된 내용은 기본적인 단계를 제시한 예입니다.

〈융합 교육과정 6단계〉

1단계 ― 준비 : 대상에 따른 교육 방법을 정하여 필요한 준비 사항을 체크하기

2단계 ― 시작 : 융합 교육을 위한 다양한 접근법을 선정하여 추진하기(예 : 프로젝트 수업).

3단계 ― 전개 : 구체적 활동으로 들어가는 단계이다(이때 현장 학습을 포함함).

4단계 ― 마무리 : 현장 교육 후 또는 발명교육 후 이루어지는 마무리 사항을 정리, 발표하는 과정을 마련하기

5단계 ― 전시 및 발표회 : 아이디어나 발명 전시 및 발표회 갖기

6단계 ― 평가 : 전 과정에 대한 피드백과 특허 출원 추진을 검토, 진행하기

이때 융합 교육의 내용은 프로젝트 수업을 통해 학습자의 대상에 따라 접근 가능하며, 과제 학습을 통해 접근할 수도 있습니다. 그리고 위 4단계에서처럼 마무리는 발

표 시간으로 마칠 수 있습니다. 그러므로 융합 교육이라고 하는 것은 '발명 수업' 자체 안에서만 융합 수업이 이루어지는 것입니다. 더 나아가 발명교육을 확장하여 교육과정에서 프로젝트 수업으로 진행할 경우 국어, 수학, 미술, 창의적 체험 활동, 과학, 사회 등의 초등 교육에서 '발명'이라는 주제로 융합적 사고가 학생들에게 이루어질 수 있도록 계획해 보는 것도 매우 재미있는 새로운 학습 방법이라고 할 수 있습니다.

이를 수행하기 제일 적합한 연령 대상은 초등학생 교육입니다. 초등 교육은 한 교사가 모든 교육과정을 수행하기 때문에 '발명'이라고 하는 수업을 프로젝트화하여 각 교과목의 교육과정에 주제별 수업으로 연계하여 교수·학습을 설계할 수 있으므로 위와 같은 수업이 제일 접근하기 쉽고 실현 가능하다고 할 수 있습니다.

〈아이디어 창출을 위한 발명교육 접근 단계〉
1단계 : 발명 이해하기
2단계 : 모방하기
3단계 : 아이디어 발상 단계(다발적 발상)
4단계 : 아이디어 창출 단계(주제별 발상)
5단계 : 스케치하기
6단계 : 분석 및 재구성하기
7단계 : 아이디어 완성하기

❷ 발명교육의 범위

발명교육자가 학습자에게 공교육을 통해 지도할 수 있는 '발명교육'의 범위는 과연 어디까지일까요? 발명교육의 범위는 학습자의 연령이나 교육 이수 시간에 대한 설계에 따라 그 범위를 정할 수 있습니다. 일반적인 범위는 다음과 같습니다.

• 발명 단계를 교육해야 한다

발명의 단계에 대한 선제적 교육이 필요합니다.

• 단계별 안내가 필요하다

　우리가 등산을 할 때 지도를 보고 산행할 때와 지도를 보지 않고 산행을 할 때 차이가 있는 것처럼 발명의 과정도 이와 동일합니다.

　발명이라는 전체적인 윤곽에 대한 이해 없이 단순히 발명품 개발이라는 접근적으로만 교육한다면, 학생들은 멀지 않아 발명에 대한 흥미를 잃고 말 것입니다. 또한 발명에 대한 편협된 이해를 가지게 되어 1~2회성 발명으로 끝나고 말 것입니다.

　따라서 발명을 지도할 때는 전체적인 윤곽을 가지고 발명 단계를 선제적으로 교육해야만 하는 것입니다.

• 아이디어 발상 교육이 필요하다

　아이디어를 산출하여 그중 가장 훌륭한 발명을 선정하여야 하므로 많은 아이디어를 이끌어낼 수 있도록 해야 합니다.

　저는 발명교육에서 가장 중요한 교육이 바로 아이디어 발상 교육이라고 주장합니다. 많은 아이디어를 산출할 수 있는 능력, 다양한 아이디어 발상을 이끌어 낼 수 있는 사람만이 발명의 지속성과 상황에 따른 유연성, 문제 해결 능력의 실마리를 찾는 데 아주 효과적이기 때문입니다.

　따라서 발명교육에 있어서 가장 중요하고 가장 많은 교육이 이루어져야 하는 부분이 아이디어 발상 교육입니다. 우리는 아이디어 발상 교육을 위해 다양한 교육적 접근을 해야 하는 것입니다.

• 지식재산 권리를 소개해야 한다

　지식재산 권리를 소개해야 합니다. 학생들이 만들어낸 아이디어가 어느 재산 권리의 어떤 분야에 속하는 것인지 파악할 수 있는 지식재산 권리의 교육이 필요합니다. 그리고 이와 같은 지식재산 권리의 범위는 어떻게 가르치느냐, 어디까지

지도하느냐도 매우 중요합니다. 이는 연령별로 그 교육적 내용과 범위를 정할 수 있습니다.

• 특허 출원을 교육해야 한다

특허 출원 교육은 다음과 같은 두 가지 방법으로 이루어집니다. 즉, 연령과 대상에 따라 특허 출원 교육은 다르게 접근하여야 합니다.

a) 지원 제도 활용하기

우리나라에서는 대한민국 학생인 경우 누구나 무료 변리를 이용할 수 있습니다. 이는 국가에서 지원해 주는 제도로서, 무료 변리를 이용하면 출원 절차와 서류 작성 등을 쉽게 지원받을 수 있습니다.

이 지원은 매우 유용하여 초·중·고등학생은 물론, 나아가 대학생에 이르기까지 학생 스스로 출원서를 작성할 수 없는 경우에 전문가의 도움을 받아 아주 편리하게 활용할 수 있습니다.

b) 스스로 특허를 출원하기

스스로 특허 출원을 진행해 나갈 수도 있습니다. 이는 아이디어 정리를 출원 서식에 맞추어 잘 작성하기만 하면 누구나 진행할 수 있으며, 아이디어를 정리하는 방법만 지도받으면 됩니다.

따라서 특허 출원 교육에 있어서 제일 중요한 것은 자기의 생각을 어떻게 잘 정리하느냐, 아이디어를 어떻게 글로 정리하느냐 하는 것이므로 무엇보다도 이 점에 중점을 두고 지도하여야 합니다.

필자도 수많은 다양한 아이디어를 출원 서식에 맞추어 기록해 보는 과정을 통하여 생각 정리의 기술을 익혔고, 그 속에서 아이디어 표현의 방법, 방식 등을 알 수 있었습니다.

이 과정은 연령별·학년별로 적용하는 방법과 지도 방법, 내용이 다릅니다.

❸ 연령에 따른 발명교육의 범위

a) 미취학(6~7세) 아동의 경우

미취학 아동인 경우 발명교육에 가장 적합한 연령은 6~7세로 봅니다. 아동들이 6~7세가 되면 시공간의 구분이 가능할 뿐만 아니라 창작적 지능이 가장 활발히 움직이는 연령입니다. 따라서 가장 호기심이 많고 창의적 사고 능력이 활발한 시기에 발명교육을 통한 아이디어 발상과 아이디어 창출 교육을 한다면 지속성 있는 교육 효과가 나타날 수 있습니다.

그렇다면 미취학 아동의 경우 발명교육의 범위를 어디까지 진행하는 것이 좋을까요?

발명스토리 중심의 교육을 해야 합니다.

미취학 아동의 경우 놀이를 통한 다양한 발명놀이 접목이 가능합니다. 예를 들면 발명 사례를 통한 창작 활동, 조형물 수업, 발명놀이 등이 있습니다.

이와 같은 다양한 발명 사례 수업을 통해 발명적 사고 접근을 이해하고, 발명 동기를 지도할 수 있습니다. 또한 아이디어 노트를 이용하고 아이디어 스케치를 활용함으로써 아이디어 발상 교육도 함께 진행할 수 있습니다. 그래서 발명스토리텔링은 미취학 아동에게도 발명을 익히고 교육하는 데 매우 유익한 학습 방법이라고 할 수 있습니다.

b) 초등학생의 경우

초등학생의 경우 발명교육의 범위가 좀 더 넓어집니다.

a. 발명스토리텔링 중심 교육을 한다

아래에서 좀 더 구체적으로 소개하겠지만, 발명교육을 진행해 본 결과 발명교육은 매우 광범위하고 어렵습니다. 또한 아이디어 발상에 있어서 교육적 한계에 부딪히는 경우가 많은 것이 현 교육의 실태입니다.

이와 같은 상황에서 필자는 발명 사례 중심의 교육이 매우 효과적이었음을 알게 되었습니다. 발명 사례 중심의 교육은 모든 연령대에 적용이 가능하며, 적용 후 활동은 연령별로 다르게 접근함으로써 아주 기가 막힌 아이디어 발상의 결과들이 나오게 되었습니다.

b. 아이디어 발상 교육을 한다

초등학교 시기에는 아이디어 발상 교육과의 접목이 가능합니다. 아이디어 발상 교육을 하되 어떤 교육 방법으로 접목하느냐에 따라 아이디어 발상의 효과가 다르게 나타났습니다.

이 또한 개인차가 나타났지만, 아이디어 발상 교육에 있어서 가장 효과적이고 쉽게 적용할 수 있었던 것은 아이디어 노트였습니다.

저는 발명교육을 진행하며 처음부터 아이디어 노트의 필요성을 인식하고 그 효과를 보았습니다. 어느 연령대에서나 상관없이 아이디어 노트는 발명교육에 매우 효과적인 재료로 활용할 수 있었습니다. 아이디어 노트의 종류에는 브레인스토밍, 마인드맵, 스케치 등 세 가지가 있습니다.

① 브레인스토밍

아이디어 발상에 있어서 가장 기초적이고 쉽게 접목할 수 있는 교육 방법은 브레인스토밍이었습니다. 자유 발상적인 사고를 이끌어 내기 위한 브레인스토밍은 자율적 주제와 주제별 아이디어 발상에 매우 유용하고, 효과적이고 다양한 아이디어 산출이 가능했습니다.

② 마인드맵

마인드맵은 아이디어 발상과 관련하여 다양한 과목에서도 많이 사용되는 방법입니다. 특히 국어 과목이나 사회 과목 등 초 · 중 · 고 교과목에서 논술을 공부할 때도 마인드맵은 매우 많이 사용되고 있습니다.

브레인스토밍이 자율적 주제를 통해 아이디어를 산출한다면, 마인드맵은 어떤 주제를 통해 아이디어 발상을 하게 됩니다. 즉, 어떤 주제를 가지고 주제에 따른 아이디어의 다양한 발상이 이루어집니다. 그래서 저는 일명 '가지치기'라는 단어를 사용합니다.

마인드맵을 쉽게 이해하고 교육, 접목하기 위한 교육적 방법으로 저는 마인드맵에 대해 이론적 설명으로 접근하지 않습니다. 직접 사례를 통한 실습적인 방법으로 먼저 접근한 뒤 학생들과의 놀이를 통해 자연스럽게 접근한 후 설명에 들어가면 훨씬 더 이해하기 쉬웠습니다.

"야, 어렵다."
"야, 하기 싫어."
"지루해."
라는 단어가 쏙 들어갔습니다.
"벌써 끝났네."

초등학생의 경우 아이디어 발상 수업 시 시간 조절을 하지 않으면 아이들이 집중하고 있는 시간을 중단시키기가 어려울 정도였습니다. 그만큼 아이들의 집중도가 높았고, 아이디어 산출의 스케치 효과도 매우 높았습니다.

③ 스케치

아이디어 노트에 있어서 가장 많은 부분을 차지한 것은 스케치였습니다. 미취학 아동들에게도 쉽게 적용하여 발명교육을 진행할 수 있었습니다.

아이디어 노트의 스케치 부분은 이렇게 사용합니다.

1단계 : 대표 도안 활용하기

– 발명 사례에 따라 그려진 대표 도안을 완성하기로 진행하였습니다.

〈1-1〉 발명 사례 속의 완성 도안

– 발명 사례 속의 완성 도안을 가지고 도안 이외의 환경을 만들어내는 스케치 작업을 하였습니다.

〈1-2〉 발명 사례 속의 미완성 도안

–〈1-1〉의 과정이 잘 진행되면 다음 단계에 적용한 수업입니다. 미완성 도안을 통해 완성 단계로 아이디어를 이끌어 냅니다. 이때 사용하는 재료는 연필, 크레파스, 사인펜, 색연필 등입니다.

c. 창작 활동 중점 교육을 해야 한다

초등학생의 다양한 창작 활동으로 발명 수업을 할 수 있었습니다.

예를 들면 다음과 같습니다.

1단계 : 발명 사례를 통한 소개

2단계 : 아이디어 발상, 아이디어 스케치

3단계 : 도안 완성

4단계 : 다양한 재료를 활용한 발명품 제작 또는 창작 활동

이때 조형물 만들기 수업으로 진행하여도 매우 재미있습니다.

c) 중 · 고등학생의 경우

중 · 고등학생의 경우 발명교육의 범위가 더욱 확대됩니다. 중 · 고등학생의 경우 초등학생을 대상으로 한 동일한 교육 범위에 추가로 적용되는 것들이 있습니다.

a. 발명스토리텔링 중점 교육

발명스토리텔링은 기초적인 발명을 이해하는 데 매우 유익합니다. 이는 연령

에 상관없이 다양한 발명스토리를 통해 다양한 환경, 발명 탄생의 주인공, 발명의 과정들을 자연스럽게 익힐 수 있습니다. 그래서 발명스토리텔링은 중·고등학생에게도 매우 유익한 교육과정이라고 할 수 있습니다. 중·고등학생의 발명스토리 수업은 다양한 교육 방법으로 접근할 수 있습니다.

첫째, 발명스토리로 아이디어 창출을 이끌어 내어 발명의 교육과정으로 갈 수 있으며, 둘째, 발명스토리를 활용하여 상황극 중심의 발명교육을 진행할 수도 있습니다.

상황극 중심의 발명교육은 학습자가 발명의 현장으로 이동하여 역사적인 순간을 들여다보는 것처럼, 발명 현장의 주인공이 된 심정으로 발명 과정을 경험해 보는 시간을 보낼 수 있습니다. 이는 마치 직접 발명한 발명가의 생활을 체험해 봄으로써 발명에 대한 이해를 도울 수 있습니다.

b. 발명캐릭터디자인 중점 교육

발명캐릭터디자인 노트는 마인드맵을 진행할 수 있는 노트입니다. 마인드맵을 통해 아이디어 창출을 자연스럽게 이룰 수 있도록 이끌어 주는 노트라고 할 수 있습니다. 기초적 아이디어 창출 활동을 발명캐릭터디자인 노트를 통해 진행하고, 이 노트에서 나온 마지막 자료를 활용하여 본격적인 발명 단계로 접어들게 됩니다.

〈발명캐릭터디자인 노트〉

동일한 자료를 활용하여 아이디어 발상 교육이 추진되지만 그 내용에 있어서 다루는 내용은 연령이 올라갈수록 더 많아집니다.

중학교부터는 발명캐릭터디자인 노트의 1차 설계 이후 아이디어의 구체화가 이루어질 수 있는 시기이기 때문입니다. 구체화란, 발명 주제에 따른 다양한 아이디어 발상 교육을 진행해야 하므로 좀 더 창의적 사고 능력을 키우기 위한 교육 훈련으로 진행되는 것을 말합니다.

이를 위해 단순한 발명품 개발 또는 특허 출원 중심만의 교육이 이루어진다면 이는 매우 단편적인 수업 방식입니다. 만일 이 두 가지 방법으로만 발명교육이 추진된다면 대한민국의 모든 학생들은 특허 출원 중심의 변리사가 되어야 할 것입니다. 모든 학생들이 결코 변리사가 될 필요는 없습니다.

발명교육은 창의적 사고 능력을 키워 창의적 인재를 만들어 냄으로써 언제, 어디서든지 필요에 의한 아이디어 발상을 하고 이를 활용하고 사용할 줄 아는 사람으로 교육해 나가는 것입니다.

이를 위해 초등학교의 창의적 체험 활동 시간에 '발명 프로젝트' 수업을 도입하여 융합 교육을 진행하여도 좋고, 중학교의 자유 학기제(2018년도 시행)를 통해 연간 계획 아래 발명 프로젝트 수업이 시행되어도 좋습니다.

이와 같이 발명교육을 진행할 수 있는 좋은 교육 환경은 준비되었습니다. 그래서 발명교육은 학습자의 '창의성 향상 교육'으로 누구나 참여하여 이수할 수 있으며, 공교육을 통해 수행되어야 하는 아주 중요한 내용인 것입니다.

c. 20세 이상 성인 및 실버

20세 이상의 성인을 대상으로 한 발명교육의 범위는 두 가지로 나뉩니다.

① 발명 과정

20세 이상의 성인인 경우 발명의 전 과정을 모두 진행할 수 있습니다. 성인은 직업 속에서 발생하는 발명의 동기 부여가 매우 강하여 발명품 개발이 어렵지 않게 이루어질 수 있습니다.

물론 창의 교육을 20세 이상의 성인에게 접목하여 교육한다는 것이 쉬운 일이 아닙니다. 이미 고정된 사고와 가치관 아래서 생각 넘기, 생각 꺼내기 등이 시도되어야 하기 때문입니다. 그래서 다양한 도구와 다양한 접근 방법을 통해 교육이 진행되어야만 합니다.

따라서 20세 이상의 성인을 대상으로 한 발명 과정에 대한 교육은 모든 교육과정을 포함해 진행할 수 있습니다. 그리고 더 나아가 스스로 하는 특허 출원에 대한 교육도 추진 가능합니다. 이때 특허 출원에 대한 이론적 교육도 병행되어야 합니다. 예를 들면 다음과 같습니다.

② 특허 출원 안내

질문 : 특허 출원은 어떻게 해야 할까요?

답변 : 특허 출원이란 특허 출원 양식에 맞추어 자신이 발명한 발명품을 잘 설명하여 정리·기록한 특허 출원서를 작성하여 특허청에 특허 신청 접수를 하는 것을 말합니다. 이때 접수하는 방법은 세 가지가 있습니다.

ㄱ. 우편접수 방법 : 작성한 출원서를 특허청에 우편으로 접수합니다.

ㄴ. 직접 방문 접수하는 방법 : 특허청을 직접 방문하여 접수하는 방법입니다.

ㄴ. 전자 신청을 하는 방법 : 컴퓨터를 활용하여 직접 서류를 작성하여 신청, 접수하는 것을 말합니다.

〈발명 과정과 단계〉

1단계 : 아이디어 발상 단계(발명 사례 중심 → 아이디어 발상 → 아이디어 스

케치)

　　2단계 : 아이디어 스케치 → 문제 해결 과정→ 시제품 제작

　　3단계 : 특허 출원 단계

　　4단계 : 제품 제작 및 완성(제작 방법, 제작 도구, 제작 실험)

③ 발명교육 지도자 과정

발명교육을 지도하는 전문 인력은 4학기 또는 5학기제를 통해 전문 교육을 받을 수 있습니다. 교육과정을 설계해 보면 다음과 같습니다.

④ 교육 대상 및 지도자 신청 자격(재교육을 위한 지도자 신청 자격)

No.	학습자	지도자 신청 자격 (20세 이상)
1	미취학 아동/유치부	• 유치원, 어린이집, 보육교사 자격증 소지자 • 미취학 아동 교육에 관심이 있는 자 (교육학 전공) • 동화 구연 자격증 소지자(중 · 장년) • 유아 교육에 관심 있는 자
2	초 · 중 · 고등부	• 초등 : 초등 교육 전공자, 교육공무원 퇴직자 • 초등 실과, 초등 기술 전공자(사범대 졸업)
3	성인 (20세 이상)	• 지식재산 분야 전문 자격 소지자 • 지식재산 분야 교육에 관심 있는 자 • 평생교육사, 사회복지사, 동화 구연가 및 기타 자격증 소지자 • 4년제 대학교 졸업 이후 전문 직종 5년 이상 활동가
4	연령별 학습자 선택	• 누구나 자격 과정에 신청하여 교육을 수강할 수 있으나, 개인의 자격 및 관련 분야 직종 활동 경력에 따라 기본 이수 과목 및 시간이 차등 적용됨.

3

발명스토리텔링 프로젝트 수업과 상황극

발명스토리텔링 프로젝트 수업

발명교육을 위해서는 융합 교육으로 진행해야만 합니다. 예를 들면 아이디어 발상만 교육하거나, 발명품 개발만 하거나, 특허 출원만 지도해서는 안 되는 것입니다. 시중에 나와 있는 수많은 발명교육 도서에서는 발명 사례에 대한 소개 외에는 다른 학습을 다루고 있지 않습니다. 이는 사례에 대한 전개이지 교육이 아닙니다.

아이디어 발상만 교육할 경우 이것 또한 발명교육을 위한 지식재산 교육이 되지 못하고 단지 창의적 사고 중심의 창의 활동(디자인, 저작물)에 불과할 뿐입니다. 현재 대부분의 대학에서 진행하고 있는 디자인학과나 어문 계열, 또는 아이디어를 필요로 하는 광고 관련 학과, 영화 · 영상물 학과, 글쓰기 학과의 교육이 여기에 속합니다. 이러한 학과에서는 지식재산 교육을 다루지 않는 곳이 대부분이고, 창의 영역을 활용한 창의적 학습 활동만 다룰 뿐입니다. 반대로 이공계처럼 신제품 개발을 위한 개발 교육을 할 경우 발명 공작 또는 발명 조형물 제작과 같이 산업화 방향으로만 치우치는 경우도 있습니다.

그리고 특허 출원에 대한 교육도 변리사 또는 특허 출원을 돕는 도면사가 되는 것에 머물러 지식재산 교육의 전문가는 될 수 없습니다. 따라서 발명교육은 '발명에 대한 내용과 교육에 대한 내용이 융합되고, 더 나아가 발명에 들어 있는 다양한 내용이 융합적으로 이루어지는 교육'이라고 할 수 있습니다.

　다음의 내용은 지식재산교육을 위한 전문인 양성을 위해 학과 설계를 제시해 본 예입니다.

<발명교육 발명스토리텔링 전공 예제>

학기	교육과목	
	전공	공통
1	• 발명스토리텔링 • 캐릭터와 디자인 설계	• 아이디어 발상과 창의적 사고 • 발명교육학 • 교육과정 및 평가
2	• 발명스토리텔링 현장 실습	• ○○교육과 교육과정의 이해 • 교수 · 학습 이론과 실제
3	• 발명과 창업 • 창업 설계 • 발명과 경영 • 창업과 세무 • 경영과 마케팅	• 교육방법론 • 발명과 디자인 • 지식재산 총론 • 지식재산권법 • 평생교육론
4	• 특허 창업 현장 실습	• 유아교육개론 　등 기타
5	졸업 논문 및 대체 시험	

1. 융합 교육이란?

융합 교육이란 다양한 학문적 영역이 한곳에 모여 어우러진 교육이라고 할 수 있습니다. 필자는 지식재산 교육을 연구·개발하면서 발명은 융합으로 이루어져 있으므로, 발명교육을 위해서는 융합 교육이 이루어져야 한다는 것을 깨닫게 되었습니다. 발명교육을 내포한 좀 더 광범위한 교육인 지식재산 교육도 그 내용이 융합으로 이루어져 있습니다.

따라서 발명교육, 지식재산 교육을 진행할 때에는 각 전문 분야에서의 '발명'을 전문 영역으로 가져가 교육할 수 있습니다. 반대로 각 전문 분야가 '발명'의 울타리 안으로 들어올 경우에는 '발명' 속에 이미 다양한 분야가 들어와 융합적 요소로 자리하고 있기 때문에 그 일부분이 될 뿐입니다.

예를 들면 무지개와 같습니다. 무지개의 색은 일곱 가지 색입니다. 각각의 색깔은 단색인 빨간색, 주황색, 노란색, 초록색, 파란색, 남색, 보라색으로 존재합니다. 그러나 이 단색이 하나로 모여 있을 때는 '무지개'라고 하는 하나의 새로운 단어로 탄생하여 조화로운 새로운 색깔을 형성하게 됩니다. 무지개에는 빨간색만 있지 않고, 무지개를 빨간색만으로 표현할 수 없는 것과 마찬가지입니다.

무지개를 멀리서 볼 때 일곱 가지의 색깔들은 각각 독립적이 아니라 서로 이어진 색들로 형성된 융합된 형태로 존재합니다. 단색으로 존재하는 것은 무지개가 아닙니다.

이와 마찬가지로 발명도 각각의 전문 분야들이 발명을 가져다 사용하면 전문 분야 안에서 발명이 존재합니다. 그러나 각각의 전문 분야가 발명 속으로 들어오면 이것은 발명 속에서 융합적으로 존재하게 되지 단일 전문 분야로 존재하지 않게 됩니다.

[예] 발명품 – 안마기

안마기를 개발하기 위해서는 다양한 분야에 걸친 기술 개발이 필요합니다.

첫째, 기술적 접목이 이루어져야 합니다. 그래서 특허 기술이 탄생합니다.

둘째, 디자인이 접목됩니다. 안마기가 아무리 기술적으로 뛰어나다 할지라도 특별히 예외적인 경우를 빼고는 디자인이 매우 중요시됩니다. 사람들은 눈에 보이는 디자인을 보고 제품을 선택하는 기준을 삼기 때문입니다. 따라서 디자인은 매출을 올리는 데 매우 중요한 역할을 합니다.

셋째, 부품에 대한 연구가 필요합니다. 대학에 비유하여 설명하면, 재료에 관련된 학과가 해당됩니다. 어느 부품을 어디에 사용하느냐에 따라 제품의 수명이 달라지고, 가격의 변화가 이루어지기 때문입니다.

넷째, 마케팅이 있어야 합니다. 대학에 보면 마케팅, 홍보 관련 학과들이 있습니다. 제품에 대한 홍보가 어떻게 이루어지느냐에 따라 상품에 대한 안내, 소비자와의 만남이 매출로 이어지므로 우리는 많은 비용을 지불하고서라도 적극적으로 홍보에 매달리게 됩니다.

이렇게 하나의 발명품이 탄생하기까지에는 다양한 분야의 접근이 필요합니다. 따라서 이를 교육하는 지식재산 교육에도 다양한 방법의 교육적 접근이 시도되어야 합니다. 발명교육은 발명의 다양한 전공 분야 학습이 필요하므로 '융합 교육'으로 진행되어야 하는 것입니다.

유·초등학생의 경우에는 한 명의 교사에 의해 교육과정의 전반적인 교육이 이루어지기 때문에 프로젝트 수업으로 진행 가능하며, 중·고등학교의 경우에는 해당 교과 영역에서 수업이 진행될 수 있습니다.

중학교의 경우 경기도 관내의 중학교는 2017년부터 자유학기제가 실시되었고, 2018년부터는 전국적으로 자유학년제(초·중등교육법 제44조 3항)가 도입됩니다.

고등학교의 경우 기술 과목에서 발명교육 영역을 다루며, 그 외 특성화 고등학교 및 대안 학교의 청소년들에게는 해당 교육과정을 통해 운영이 가능합니다.

2. 프로젝트 접근 수업으로 진행하라

1) 프로젝트 접근 수업이란?

프로젝트 접근 수업은 1918년 킬패트릭(Kilpatrick)에 의해 처음 시작되었지만, 이 수업 방법이 높은 평가를 받게 된 것은 1920년 듀이(John Dewey)에 의해서라고 전해지고 있습니다. 이후 이탈리아의 레지오 에밀리아라는 도시에서 더욱 활성화되었다고 합니다.

레지오 에밀리아는 이탈리아의 로마나 지역에 있는 작은 도시이지만, 1945년에 지역 내 학생들의 교육을 위해 지자체 및 교육기관이 유아 교육을 위해 함께 협력하여 프로젝트 접근 수업으로 성공적인 교육을 진행하였다고 전해지고 있습니다.

본서에서는 일반적인 프로젝트 수업 기준을 기반으로 하여 발명교육을 위한 발명 프로젝트 수업 방법을 알아보도록 하겠습니다.

2) 발명 프로젝트 단계

발명 프로젝트는 우선 연령에 따라 '프로젝트를 어떻게 진행할 것인가'에 대한 조사 과정이 필요합니다. 학습 대상의 연령, 환경, 조직 구성원의 대상에 따라 수업 시간과 접근 방법에 차이가 날 수 있습니다.

❶ 1단계 : 준비 및 설계

발명 수업을 위한 준비 및 설계 과정입니다. 일반적으로 유아 교육을 진행하는 유치원이나 어린이집 등의 유아 교육자들은 교육을 위한 교육 준비 및 설계 과정에 대해 이미 잘 알고 있습니다.

유아 교육을 전공하지 않은 분들을 위해 수업 준비 및 설계를 위한 준비 단계, 설계 단계에서 진행되는 예시들을 몇 가지 기록해 보겠습니다.

첫째, 주제 선정

발명 프로젝트에서 주제는 발명스토리로 주제를 정합니다. 예를 들면 '우산 발명스토리텔링'입니다.

왜 우산 발명 프로젝트를 해야 하는가? '우산' 발명품을 주제로 선정한 이유에 대해 교사는 먼저 다양한 이유들을 살펴보며 생활 속에서 우산의 편리함과 우산이 필요한 이유, 우산이 있어서 좋은 점 등을 찾아 기록해 볼 수 있습니다.

둘째, 어휘에 대한 기본적 개념 정리

유아 및 초등학교 저학년인 경우에는 '우산' 발명 프로젝트를 시작할 때 수업 시작에 앞서 우산에 대한 정확한 어휘적 개념 정리를 해 주어 생활 속에서 사용되는 발명품이라는 것을 인식시켜 주도록 합니다.

셋째, 활동 유형 분류하기

무슨 활동으로 이 프로젝트를 수행할 것인지, 교사는 활동 유형에 대한 수업을 정할 수 있습니다. 유아 교육에서의 기본 활동 유형은 다음과 같습니다.

〈유아 교육 기본 활동 유형〉

	인문(언어 영역)	공학(수 · 과학 영역)	예술 · 활동 영역
1	• 언어 분야 　– 삼행시 짓기 　– 이름 짓기	• 수 익히기 　–조작 및 모형 쌓기 　–남자, 여자 친구 세어 　　보기	• 역할 놀이 　(선생님, 인형 놀이 등) • 신체 활동 놀이(줄넘기) • 놀이터 그리기 • 가족 그리기
2	• 동시 / 동화	• 과학 놀이 　(자석에 붙는 물건) • 생활 속 전기	• 조형 　– 이름표 만들기 　– 놀이터 만들기 　– 시간표 만들기 등

| 3 | • 토론 및 토의
  (이야기 나누기) | • 과학, 수 관련 영상물
  시청 및 관람 | • 신체, 게임 표현
  – ○○에 가면
  – ○○을 하면
  – 물건 자리 찾기 등 |
| 4 | • 선생님 놀이
• 인형 놀이
• 시장 놀이 등 | • 박물관 및 과학관 탐방 | • 노래 및 음악 감상 |

〈예시 : 미취학 발명교육을 위한 영역별 학습 교육과정 분류〉

구분				
표현 영역	신체 활동 및 건강 영역	사회 활동 영역	탐구 활동 영역	언어 생활 영역
• 발명스토리텔링 (발명스토리/구연, 캐릭터, 상황극 +조형 활동)				
• 언어 생활 영역 – 사회 활동 영역 – 조형을 통한 신체 활동 영역 • 탐구 활동 영역 – 표현 영역				

〈예시 : 초등학교 발명교육을 위한 교육과정 적용 가능 과목〉

교과	비교과	예체능 활동

• 정규 교육과정
  – 국어, 수학, 과학
  – 실과 등
	– 미술(조형), 음악
	– 영어
		• 창의적 체험 활동

〈예시 : 중학교 발명교육을 위한 교육과정 적용 가능 과목〉

교과	비교과	예체능 활동

• 정규 교육과정
  – 국어, 사회(경제, 경영)
  – 과학
  – 수학
  – 기술
	– 미술
	– 음악
		• 창의적 체험 활동

• 2017~2018년 중학교 자유학년제에 따른 교과 연계 프로그램 – 발명스토리텔링		

❷ **2단계** : 전개

2단계에서는 학습자 대상의 연령, 환경, 시간, 여건 등 다양한 검토를 통해 활동 유형을 선택할 수 있습니다. 그러므로 활동 유형에 따라 수업 계획서를 준비하여 수업을 진행합니다.

　a. 주제 정하기 ― 우산 발명스토리텔링

　b. 프로젝트 수업(미취학 아동을 중심으로)

a) 놀이 중심의 수업하기

앞서 기술한 〈유아 교육 기본 활동 유형〉에서 언어 영역 3, 4번과 예술·활동 영역 2, 4번으로 수업을 전개해 나갈 수 있습니다.

언어 영역의 3, 4번으로 주제에 따른 토론 및 토의 활동, 발명스토리를 이야기 활동으로 모형을 만들어 구연으로 전달하기, 캐릭터로 전달하기, 역할극으로 전달하기 등 놀이를 통한 수업을 만들 수 있습니다. 또한 간단한 상황극 놀이를 통해 우산이 생활 속에서 필요한 발명품이라는 것을 인지하도록 할 수 있습니다.

미취학 아동에게 있어서 발명교육은 발명스토리를 통한 생활 속 발명, 생활 속 발명에 대한 인지적 교육이 선제적으로 이루어져야 하며, 언어 영역에서 1시간 수업 차시로 종료할 것인지, 아니면 2~3시간의 활동 수업으로 연계할 것인지 정할 수 있습니다.

활동 수업으로 지속될 경우 학습자의 뇌 활동을 위해 음악을 사용할 수 있으며, 조형 활동으로 학습자의 생각을 형상화하는 수업을 만들어 볼 수 있습니다.

놀이 중심의 수업은 매우 흥미롭습니다. 학습자에게 공부가 아닌 놀이로 다가가기 때문에 흥미를 유발하고, 참여도를 높일 수 있습니다. 놀이 속에서 자연스러운 학습적 유도를 이끌어 내는 것은 그리 어려운 일이 아닙니다. 대체로 학교 현장의 학습자인 경우 그룹으로 프로젝트 수업을 진행할 수 있는 장점이 있으며, 친구와 함께 하는 수업을 통해 남을 배려하고 이해하는 인성 교육도 자연스럽게 이루어집니다.

미취학 아동인 경우 모든 수업의 기초 교육이 창의성 향상 수업이므로 발명스토리텔링을 통해 언어 유형 수업과 예술, 활동 영역이 함께 수업될 경우 창의 교육을 통해 발명교육이 자연스럽게 이루어지는 것입니다.

〈예시 : 발명스토리텔링(주제 : 우산)〉

	단계	내용	
1	준비 및 설계 단계 (교사)	• 주제 정하기	우산
		• 기본 단어 및 개념 정하기	1) 우산이란? 2) 우산은 왜 필요할까요? 3) 우산은 언제 사용될까요? 4) 우산은 어디에 사용될까요?
		• 학습 내용 및 활동지 작성	학습 내용 및 활동지 작성하기
		• 환경 구성	우산 전시 및 사진 전시
2	전개 단계	• 기본 활동 유형 – 언어 영역, 예술·활동 영역을 통한 수업 / 조형 활동 • 영역별 학습을 위한 교육과정 – 다섯 가지 과정 중 필요 과정 도입이 진행됨	
3	마무리 단계	• 조형 활동 마무리 및 발표	
4	평가 단계	• 작품 발표 및 평정 척도, 체크리스트를 통해 평가 가능	

b) 탐구 학습 중심으로 수업하기

탐구 학습 중심의 수업에 있어서는 다음에 소개될 구성주의 교수·학습에 적용되는 병렬적 탐구 학습 위주로 다루어져야 합니다.

구성주의란 '지식은 학습자 개인의 경험에 의미를 두고 구성된다'고 하는 개념으로 볼 때, 학습자의 경험에 기초한 지식 구성을 바탕으로 지속적인 인지 작용과 지식의 지속적 구성 및 재구성이 진행되는 것이라고 이해할 수 있습니다.

따라서 구성주의 학습 지도를 위해서는 특정 대상의 주변 환경에 따라 실시되어야 합니다. 학습 목표는 다양한 환경을 제공하고, 여러 사회 환경과의 조율을 할 수 있는 기회를 갖도록 하는 통합 교육이 이루어져야 합니다.

수업 내용은 병렬적 배열을 하여 다양한 표상 방법을 접할 수 있도록 합니다. 따라서 수업 내용은 다양한 표상 방법으로 나타날 수 있으며, 결과 또한 자연스럽게 학습자의 구성주의 학습을 통해 다양한 표상이 표출된다고 할 수 있습니다.

〈구성주의적 학습 환경 설계〉

구성주의적 학습 환경은 다음과 같이 구체적으로 설계하여야 합니다.

첫째, 학습의 주체자가 누구인가?

둘째, 학습 환경은 누가 설계할 것인가?

셋째, 환경의 제한은 어떻게 할 것인가?

〈구성주의 교수 · 학습에서의 수업 평가 〉

첫째, 누가 수업 평가의 주체가 될 것인가?

둘째, 과정으로 평가로 할 것인가, 결과로 평가할 것인가?

셋째, 평가의 형태를 무엇으로 할 것인가? (객관식, 주관식, 관찰, 포트폴리오, 프로젝트 등)

c) 구성주의 교수 · 학습 활용하기

구성주의 교수 · 학습은 학습자 중심의 교육을 말합니다. 학습자가 스스로 학습할 수 있는 환경을 제시하고, 지식 습득을 위한 인지적 융통성을 만들어 나가야 하는 것입니다. 즉, 수업 내용에 있어서는 병렬적 배열 방법을 통해 여러 다양한 표상 방법을 접하도록 함으로써 학생 스스로 선택할 수 있는 기회와 순서를 정하도록 해야 한다는 것입니다.

병렬적 배열 방법을 통해 네 가지 교육 내용의 교육과정을 배정했다면 순서를 정하는 데 있어서 학습자가 선택하도록 하여야 합니다. 그리고 그 순서에 맞추어 과제 수행을 할 수 있도록 학습 환경을 조성해 주어야 합니다.

이때 매우 중요한 것은 그 대상의 연령에 따라 교육과정 배정에 대한 순서 정하기, 분량과 선택 범위의 한정을 제한할 수 있다는 것입니다. 이는 연령에 따라 구성주의 학습 도입에 제한이 있기 때문에 교사는 기초 설계를 만들고 기초 설계 속에서 학습자의 선택적 설계의 제한을 만들어 보아야 합니다.

따라서 구성주의적 교수·학습은 학습자 중심의 교육이며, 선택이 가능한 병렬적 배열 방법의 수업 내용을 선정하고, 학습자가 학습 후 새로운 지식 구성 및 재구성을 할 수 있도록 시간과 환경과 지식 정보의 제공을 해 주는 것이 핵심이라고 할 수 있습니다.

이런 점에서 발명교육은 구성주의 교수·학습을 설계하는 데 매우 유익한 교육이라고 할 수 있습니다. 교사가 발명교육을 위한 기초 설계 속에서 기초 설계와 수업 설계 예시안을 제공하면 학생들은 각 연령에 맞추어 개인 또는 그룹별 수업으로 설계해 나감으로써 자신의 생각 설계를 성취하는 기쁨과 만족을 느끼고, 관련 분야의 전문적 정보를 탐색해 볼 수도 있습니다.

❸ 3단계 : 마무리 과정

수업의 마무리 과정은 크게 두 가지로 나눌 수 있습니다.

첫째, 표현 활동을 통한 마무리하기.

연령별 표현 활동에 대한 마무리는 진행하던 조형 작업을 마무리하는 시간입니다. 이는 주어진 활동 시간 안에서 이루어질 수도 있으며, 그 시간 안에서 미완성될 수도 있습니다.

둘째, 발명 작품 발표하기.

마무리 시간 안에 완성된 학생의 리스트를 살펴보고 교사는 완성한 학생들이 작품을 발표해 볼 수 있는 시간을 마련해 줍니다. 주어진 시간 안에서 다양한 사례 중심으로 발표를 해 봄으로써 학생들은 다양한 사고 기법들을 청취하고 느낄 수 있는 시청각 교육을 자동적으로 연계하여 수업하는 효과를 거둘 수 있습니다.

❹ 4단계 : 평가 단계

첫째, 영역별로 평가하라.

발명교육에 있어서 평가의 영역은 크게 세 부분으로 나눌 수 있습니다.

<영역별 평가 분류 3단계>

1단계(도입)	2단계(과정)	3단계(결과)
아이디어 발상, 창출 단계	아이디어 구체화(제작 단계)	아이디어 완성
– 발명캐릭터디자인 노트	– 재료 및 도구 활용도 – 구체화 실현	– 아이디어 실현을 위한 정도 – 작품 완성도

<예시 : 발명스토리텔링 평정 척도>

구 분		내용 체계	평가 기준	평정 척도
1단계 (도입)	아이디어 발상, 창출	발명캐릭터디자인 노트 사용	기록을 완성하였는가?	1 2 3 4 5
2단계 (전개)	아이디어 구체화(제작)	재료 활용도	재료 활용이 적합한가?	1 2 3 4 5
		재료 선택	재료 선택이 적합하였는가?	1 2 3 4 5
		재료에 따른 제작도	재료를 활용해 제작이 잘 진행되었는가?	1 2 3 4 5
3단계 (마무리)	아이디어 완성	아이디어 스케치 완성도 (디자인)	아이디어 스케치의 디자인 완성도	1 2 3 4 5
			작품의 완성도	1 2 3 4 5
			아이디어와 작품의 일치도	1 2 3 4 5
			아이디어 실현 정도	1 2 3 4 5

둘째, 아이디어 노트로 평가하라.

아이디어 노트는 한 학기 또는 1년의 발명 프로젝트로 진행하면서 결과물을 얻을 수 있습니다. 포트폴리오와 같이 발명 포트폴리오 노트가 완성되는 것입니다.

아이디어 노트는 아이디어 창출부터 아이디어 완성 단계에 이르기까지 하나의 과정들을 한 노트에 정리해 놓음으로써 최상의 발명품 탄생의 과정을 스스로 기록해 나가며 자료를 확인함으로써 좋은 평가 기준을 제시할 수 있는 노트라고 할 수 있습니다.

앞에서 기술한 발명캐릭터디자인 노트가 1회성 아이디어 창출을 위해 진행했다면, 아이디어 노트는 중·고등학생, 20세 이상의 성인이 발명교육 기간 동안 자신의 아이디어 창출부터 발명품 탄생에 이르기까지의 과정을 자료화할 수 있는 좋은 자료라 할 것입니다.

셋째, 발명품으로 평가하라.

발명품으로 평가하는 일은 연령에 따라 다르게 적용될 수 있습니다. '예시 : 발명스토리텔링 평정 척도'를 기초로 볼 때 미취학 아동과 초등학생의 경우에는 앞에 기술한 3단계(마무리)에서의 평가는 아이디어 실현 정도가 평가의 중요 항목이 됩니다. 그 외 중·고등학생, 20세 이상의 성인이라면 발명스토리텔링 평정 척도를 기초로 하여 평가할 수 있습니다. 이 외에도 체크리스트법을 활용하여 발명품의 완성을 평가 항목으로 정할 수도 있습니다.

3. 발명스토리텔링과 발명

발명, 특허 교육은 어디에서 찾아야 할 것인가?

앞에서 구체적 방법에 대해 이야기를 했다면 이번에는 필자가 찾은 길(Way)을 소개하고자 합니다.

1) 삶의 현장과 발명

필자가 10년이 넘는 긴 세월 동안 발명의 현장을 직접 경험해 보지 않았다면 발명을 교육하기 위한 발명에 대한 이해와 교육 방법에 대해 연구를 진행하지 못했을 것입니다. 왜냐하면 발명이란 것이 융합적 내용을 내포하고 있고, 현장에서의 사례에 따라 각각 다르게 나타나며, 현장의 변화와 영향을 받기도 하는 것이어서 이러한 환경을 교육의 정해진 틀로 가져오기란 더욱더 불가능한 영역이었기 때문입니다.

발명을 위한 교육 자체가 없던 시절에는 발명을 하고 싶어도 '발명하는 방법'을 알아내기가 매우 어려웠습니다. 관련 교육이 특허청에서도 이루어지지 않았고, 더욱이 일반인을 대상으로 하는 교육이라고는 전무한 시대였습니다. 이때가 2000년대 초반의 이야기입니다. 2002년에도 발명교육을 해 주는 학원이나 단체를 찾아볼 수 없었고, 이를 지도하는 교수자도 없었습니다.

그러다 2018년 현재는 특허청에서 산하 기관을 통해 발명교육에 대해 다양한 지원을 해 주고 있습니다. 발명의 현장 속에는 반드시 문제의 답이 있습니다.

2) 교육과정과 발명

미취학 아동을 위한 발명교육은 유아 교육 교육과정 속에서, 초등 교육은 초등 교육의 교육과정인 실과 교과목에서 배울 수 있습니다. 중학교와 고등학교인 경우 기술 교과목 '생활과 발명' 단원에서 발명을 배울 수 있습니다.

특성화 고등학교의 경우에는 발명에 대해 전문적으로 배울 수 있는 학교도 생겼습니다. 대학 교육과정은 '지식재산 선도 대학'을 통해 전국 지역권 대학마다 이미 지식재산 교육이 활발히 진행되고 있습니다.

대학에 발명교육 지도자 인력 양성을 위한 교육과정이 진행될 경우 '평생교육 단과대학'이나 '대학원 과정 4학기 또는 5학기'를 통해 발명교육 전문 인력을 배출할 수 있습니다. 또는 학부 3~4학년 때에 복수 전공을 통해 지식재산 교육 전문 인력 전문가를 배출할 수 있습니다. 이 양성 과정은 '발명교육' 전문 인력과 'IP 교육' 분야의 특허 창업 분야의 전문 인력으로 나누어 배출할 수 있습니다. 복수 전공을 할 수도 있습니다.

무엇보다 평생교육 영역에서 시행될 경우 평생교육사들이 다양한 영역에서 다양한 연령에게 '발명교육'을 할 수 있다는 최대의 장점이 있습니다.

사회 복지를 한 경우 사회 곳곳에 복지와 발명교육을 함께 지도할 수 있는 장점이 있습니다. 따라서 발명교육이 지식재산 교육으로서 전문가를 양성하기 위한 발명교육 영역에 대한 환경적 요소는 충분히 마련되었습니다. 이제는 좀 더 적극적으로 교육 환경의 현장을 만들어 나갈 때입니다.

3) 과학(기술)과 발명

우리나라 교육에서 과학이란 매우 어렵고 힘든 분야로 인식되는 경우가 많습니다. 초등학교 교육과정부터 모든 과학 분야의 수업이 대부분 이론 수업으로 이루어져 왔기 때문이라고 생각됩니다. 실험 수업의 한계적 환경 때문에 과학은 흥미로운 교과목이라고 하는 동기 부여가 미약했습니다.

이는 과학이 생활과 동떨어져 이론적 교육으로 소개되는 데 딱 알맞은 환경입니다. 필자도 되돌아보니 아직도 생각나는 생생한 수업 중 하나가 '개구리 해부 수업'이었습니다. 그때는 그리도 무서워했던 '해부학'이라고 하는 수업이 지금은 가장 재미있고 기억에 남는 최고의 실험 수업으로 기억되고 있습니다.

발명교육은 과학 수업에서 좀 더 보편화된 소재로 접근할 수 있는 영역입니다. 누구나 쉽게, 재미있고, 호기심에서 시작하여 전문가가 될 수 있는 최고의 기술, 최고의 과학적 지식을 얻을 수 있는 교육인 것입니다.

4) 책과 발명

발명을 하는 데 있어서 아이디어는 매우 중요합니다. 따라서 발명을 위한 아이디어를 낼 때는 다양한 정보와 지식이 필요합니다.

학습자의 호기심만 발동되면 정보와 지식 학습은 자연스럽게 이어지는 것을 알 수 있습니다. 이는 필자가 직접 발명을 하는 과정에서 전문가가 아닌 사람이 전문가가 되고, 전문 지식이 없는 분야에서도 최고의 전문가 수준의 지식 습득자가 되었기 때문에 자신 있게 추천할 수 있습니다.

발명을 하면 책과 친해질 수밖에 없습니다. 발명을 하다 보면 그 누구도 경험할 수 없는 기쁨과 즐거움, 유쾌함을 경험하고 집중력과 학습력을 기를 수 있습니다. 따라서 공부를 위한 발명이 아니라 호기심을 통해 발명을 하기 때문에 저절로 공부를 하게 된다는 역설적 결과를 가져옵니다.

공부 안 하는 학생이 있습니까? 방황하는 청소년이 있습니까? 진로를 고민하는 청소년과 성인이 있습니까? 본인에게 알맞은 분야의 발명을 하게 되면 이런 모든 문제가 저절로 해결된다는 것을 알 수 있습니다.

5) 산업 현장과 발명

산업 현장은 경제 활동이 이루어지는 곳입니다. 모두가 직업과 직장을 가지고 일을 합니다. 그 현장 속에서 자신이 일하고 있는 영역의 환경에서 발견할 수 있는 문제, 이를 해결하고 싶은 생각과 고민을 느껴 보았다면 그는 발명가가 될 수 있습니다.

산업 현장 밖에서는 문제를 찾기도, 발견하기도, 문제 해결 방법의 적합성을 찾아내기도 매우 어렵습니다. 물론 전문 연구의 분야는 전문가에게 연구 의뢰를 해야 합니다.

그러나 연구가 끝난 내용이 다시 시행되는 곳은 내가 찾아낸 문제가 발생한 바로 그곳 산업 현장입니다. 이 해결 방법이 적합한가, 부적합한가는 그 문제를 발견한 사람이 산업 현장 속에서 직접 해결안을 가지고 시행해 보아야 합니다. 따라서 산업 현장은 발명의 시작과 끝이라고 할 수 있습니다.

6) 생활과 발명

생활은 발명과 매우 밀접한 관련이 있습니다. 생활 속에 과학이 존재하는 것처럼 생활 속의 많은 제품들이 발명품이며 지식재산입니다. 이것이 개인이나 기업이나 국가가 지식재산 속에서 발명품을 만드는 이유입니다.

지식재산 발명이라고 하는 '지식'이 학문이 아니라 '생활' 속에서 하나의 '상품'으로 깊숙이 자리 잡고 있습니다. 우리는 이런 것을 4차 산업의 새로운 직업, 신기술, 새로운 문화생활로 이해할 수 있습니다.

Ⅱ 발명스토리텔링과 상황극

1. 발명스토리텔링 프로젝트

1) 발명스토리텔링(구연) 이해와 필요성

발명스토리텔링(구연), 즉 발명 구연이란 발명의 상황과 전개, 결과를 아주 재미있게 이야기로 꾸며서 전달하는 것입니다. 발명교육에 있어서 '어떻게 하면 좀 더 쉽게 발명을 소개할 수 있을까?' 하고 생각해 보았을 때 발명 구연은 최상의 선택이었습니다.

발명의 중요성을 알리려고 하니 과학적 사고의 고정관념이 너무 강하여 시작도 하기 전에 모두들 마음과 생각의 문을 닫아 버렸었습니다. 발명 구연은 그래서 필요했습니다. 누구에게나 쉽게 다가갈 수 있고, 어디서든지 옛이야기처럼, 동화처럼 들을 수 있으며, 과학적 사고의 고정관념을 바꿀 수 있는 도구였습니다. 굳게 닫힌 마음과 생각의 문을 쉽게 열기 위해서는 '구연'이라고 하는 방법이 매우 효과적이었습니다.

이야기 형식의 발명 구연은 누구에게나 소개해야 할 정도로 발명교육을 이끌어 내는 데 효과적인 방법입니다.

2) 발명스토리텔링(구연)의 내용

발명스토리는 발명품이 탄생하게 된 동기와 과정, 결과의 3단계에 걸쳐 스토리로 기록된 것을 말합니다. 그래서 발명스토리텔링으로 기록된 내용을 살펴보면 발명품을 개발하게 된 주인공을 중심으로 발명을 하게 된 동기와 발명에 이르는 과정, 발명품 탄생의 순간들이 다양한 주제의 스토리로 이루어져 있습니다.

발명스토리텔링의 사례는 1장에 제시된 내용들을 참조하기 바랍니다.

3) 발명스토리텔링의 교육 방법

발명 구연의 내용은 발명 사례 이야기를 구연으로 재구성해 보는 것이 좋습니다. 이렇게 시작된 발명 구연은 옛날이야기처럼 재미있고 흥미로운 이야기 발명으로 탄생하게 됩니다.

위의 발명 구연의 내용을 가지고 발명교육의 문을 열어 나갈 수 있습니다. 발명 구연의 내용으로 교육하는 데는 두 가지 방법이 있습니다.

❶ 스토리로 교육하기(구연 교육 방법)

구연이란 입으로 전해지는 이야기이므로 발명 구연의 이야기를 입소리를 통하여 마치 옛날이야기를 들려주듯이 할 수 있습니다. 다양한 입소리를 통해 등장인물들의 목소리를 바꾸어 가며, 상황적·대상적 구연을 이끌어 갈 수 있습니다.

이 방법은 선생님이 구연자로서 진행해도 됩니다. 또는 초등학생의 경우 "발명 구연, 누가누가 잘하나?" 식으로 충분한 숙지 시간을 가진 후 아이들에게 암기적인 방법으로 구연을 진행시켜 볼 수도 있습니다.

이렇게 되면 오랜 시간 동안 기억을 유지할 수 있을 뿐만 아니라, 발명의 상황적 배경이 오래 기억되어 발명 도출을 위한 아이디어 발상 수업 시간에도 매우 유용하게 활용할 수 있습니다.

❷ 캐릭터 및 도구 활용하기

이 방법은 구연을 할 때 캐릭터 및 도구를 활용하는 방법입니다. 발명 구연을 할 때

입소리만 사용할 뿐만 아니라 캐릭터 또는 도구를 만들어 활용하면 더욱 효과적일 수 있습니다. 이때 캐릭터나 도구는 그 자리에서 개인별 또는 그룹별로 만들어서 활용하면 발명 구연을 위한 교육에 참여도가 높아지고, 흥미와 재미를 더욱 향상시키게 됩니다.

4) 발명스토리텔링의 장점 및 발명교육 효과

발명 구연을 통해 발명교육을 진행해 본 결과 발명 효과가 매우 뛰어났음을 볼 수 있었습니다. 발명 구연의 경우 '동화 구연'이라고 하는 교육 시장이 이미 형성되어 있었으므로 쉽고 재미있게 전달할 수 있었습니다.

❶ 접근 연령대에 한계가 없다

발명 구연은 연령을 뛰어넘어 시행할 수 있습니다. 즉, 발명 구연은 연령의 한계를 뛰어넘어 누구나 쉽게 학습자가 될 수 있습니다. 미취학 아동에서부터 노년에 이르기까지 발명 구연은 발명의 이해와 전달에 뛰어난 효과가 있었습니다. 집중력이 매우 높게 나타났을 뿐만 아니라, 상상력이 더해져서 창작 활동 및 발명 활동 접근도 쉬웠습니다.

발명을 구연으로만 진행하는 것과 발명교육을 추진하는 것은 학습자의 연령, 경력, 교육 수준에 따라 다르게 교육하도록 합니다.

❷ 발명, 특허의 개념적 전달이 쉽다

발명 구연의 경우 발명을 통한 접근이 아닙니다. 재미있는 이야기로 접근하는 것입니다. 따라서 누구나 쉽게 이해할 수 있습니다.

과학적이거나 어려운 발명품에 대해 접근을 시도할 경우 대부분의 사람들은 마음과 생각의 문을 먼저 닫습니다. 그러나 발명 구연으로 진행한 결과 긍정적 접근으로 쉽게 전달이 가능했고, 발명의 배경과 흐름도 쉽게 전달되었으며, 생활 속 발명을 찾아내는 효과까지 있었습니다.

❸ 전달력이 강하고 상상력이 발휘된다

발명 구연은 전달력이 매우 강합니다. 재미있는 옛날이야기처럼 시작하지만, 생활 속 발견이나 발명품의 생활 속 적용 사례들을 보면서 매우 신기해하고, 발명의 배경적 상황을 생생하게 기억하는 사례가 많았습니다. 또한 발명에 대한 스토리적 전달이 잘 이루어져서 발명의 배경, 동기, 과정에 이르는 발명의 단계가 자연스럽게 진행되었습니다.

더 나아가 발명 구연은 상상력을 자극하여 그 이야기 속에서 발명 당시의 상황을 상상해 보도록 함으로써 상상력 증진 및 발명품을 뛰어넘는 새로운 아이디어와 문제 해결법을 찾아내는 경우도 있었습니다.

❹ 기억에 오래 남는 효과가 있다

발명 구연은 기억에 오래 남는 장점이 있습니다. 발명 구연은 소리 및 시각적 전달을 통해 뇌 자극 및 뇌 활동을 도와 전체적 스토리가 하나의 발명으로 기억되므로, 암기 위주의 기억이 아닌, 스토리 이해를 통한 기억으로 작용하여 학습 효과에 뛰어난 효과가 있습니다. 이때 시청각 자료를 활용하거나 현장 학습을 적용할 경우 더욱 큰 효과가 나타납니다.

❺ 스토리 접근을 통해 구전이 가능하다

어렵고 딱딱한 내용의 과학적 접근에 의한 설명이나 글은 기억에 오래 남지 않습니다. 그러나 재미있는 이야기 접근을 통해 전달된 내용은 쉽게 잊어버리지 않고 기억의 잔상이 사라지지 않습니다. 바꾸어 말하면 어려운 사전적 지식 전달은 매우 어려우나 스토리적 구전은 매우 쉽고, 빠르며, 전달력이 높아 오랜 기억이 가능합니다.

2. 상황극 프로젝트

발명교육 방법 중 '발명 프로젝트'는 다양한 수업을 시도해 볼 수 있습니다. 발명 프로젝트 중 상황극으로 발명교육을 시도한 경우 수업은 매우 흥미로운 결과들이 나타났습니다. 우선 참여도가 높았으며, 수업에 흥미를 가지고 모두가 접근하기에 적합했습니다.

또한 발명의 배경 및 상황을 직접 시연함으로써 학생들 각 개인마다 자신의 역할을 통한 상황극이 절정에 이르렀을 때 발명의 희열을 느끼는 기쁨을 맛보기도 했습니다. 나아가 추후 상황극을 하나의 프로젝트 수업으로 접목시켜 '내가 주인공이 된다면 어떻게 했을까?'라고 하는 '문제 해결 접근법'에 대한 다양한 수업 모형도 가져 볼 수 있습니다. 그래서 발명 당시를 재현해 보는 상황극은 내가 발명가가 되는 경험을 통해 다양한 사고적 접근과 문제 해결 방법 찾기, 오늘날 관련 발명품 찾기 등 다양한 놀이이자 학습법으로 구성될 수 있습니다.

1) 상황극 이해와 필요성

상황극이란 무엇일까요? 상황극이란 당시의 상황을 극으로 승화시켜 극으로 나타내는 것입니다. 우리는 발명의 상황을 상황극을 통해 생생한 발명 현장을 만날 수 있습니다.

2) 상황극을 활용한 발명교육 방법

상황극을 활용한 발명교육 방법은 두 가지로 진행할 수 있습니다.

❶ 캐릭터 및 도구 활용하기

a) 캐릭터나 도구 제작

상황극에는 등장인물이 있습니다. 등장인물을 중심으로 이야기가 전개되기 때문에 이 상황극을 전개하기 위해서는 캐릭터나 도구를 사용할 경우도 있습니다.

캐릭터를 등장시킬 경우 학생들과 캐릭터를 직접 만들어 보고, 그 캐릭터를 가지고 있는 사람이 등장인물 역할을 할 수 있습니다. 또한 도구 등도 제작하여 활용할 수 있습니다. 이때 발명 프로젝트 수업의 하나로 '발명 상황극'이라는 주제를 가지고 1시간은 등장인물 및 도구 제작 수업을 해 볼 수 있습니다. 그리고 제작한 캐릭터와 도구를 가지고 구연을 진행해 볼 수도 있습니다.

b) 캐릭터나 도구 제작 대상

캐릭터나 도구를 제작하기 위한 대상은 초 · 중 · 고등학생, 대학생, 성인 모두 가능합니다. 초 · 중 · 고등학생, 대학생 모두 상황극을 위한 캐릭터 제작 및 이를 활용한 발명 구연 수업이 가능합니다. 실버 세대까지 말입니다. 이는 매우 흥미롭고 흥겨운 시간으로 기억될 것입니다.

모든 연령 대상이 프로젝트 수업에서 '발명 구연 캐릭터 및 도구 제작' 수업을 만들어 진행할 수 있습니다. 더욱 놀라운 것은 캐릭터를 만들 때는 개인의 창의성이 발휘되어 같은 주제인데도 모두 다른 아이디어가 도출되어 만들어졌다는 점이었습니다.

c) 희곡으로 극화하기

앞에서 제작한 캐릭터를 가면으로 사용하여 상황극을 해 볼 수도 있습니다. 등장인물들을 중심으로 발명의 상황적 배경을 설명하고, 등장인물들의 활동으로 발명의 동기와 과정이 관객에게 전달됩니다.

더 나아가 발명의 순간에 나타나는 '아이디어 발상의 순간'은 기가 막힌 클라이맥스 극으로 승화되어 관객으로 하여금 발명의 순간을 체험해 보도록 하는 결과를 가져왔습니다. 또한 학습자가 상황극을 희곡으로 극화, 수정하여 내용을 창의적으로 변경한 후 진행할 수도 있습니다.

3) 상황극의 발명교육 효과

상황극을 통한 발명교육은 그 효과가 매우 뛰어났습니다. 상황극을 통해 마치 발명의 순간을 직접 체험해 본 듯한 기억은 오랫동안 잔상이 남는 효과가 있어서 발명, 특허 교육을 추진하는 데 매우 큰 영향력을 미쳤습니다.

❶ 발명에 대한 이해가 빠르다

상황극을 통한 발명교육은 자연스럽게 발명의 기회를 만들어 주었습니다. 상황극 속에서 나타나는 상황적 배경과 과정, 발명의 순간들이 자연스럽게 발명 과정을 설명해 줌으로써 머리로 아는 공부가 아닌 시청각 효과와, 가슴으로 이해하여 오래 기억에 남는 발명교육 효과가 나타났습니다. 그래서 발명의 과정 전달이 쉽게 전달되어 발명에 대한 전반적 접근이 쉽고 이해력이 높았습니다.

❷ 생활 속 발명적 사고 접근이 가능하다

발명을 과학 분야의 것으로만 생각하여 굳어진 고정관념을 탈피하는 데 그리 어려움이 없었습니다. 우리나라의 교육 현실에서 발명교육이란 과학 실험 교육이나 과학적 접목을 통한 실험 키트 접근이 전부였던 상황에서 구연이나 상황극을 접목한 발명교육은 차별화된 발명교육 방법이었습니다.

일반적인 구연이나 상황극으로 접근한다면 구연이나 상황극 이상을 생각하지 못합니다. 그런데 구연이나 상황극을 발명교육에 접목하니 발명 단계가 순차적 접근 방법으로 쉽게 이루어졌던 것입니다. 그래서 발명 구연이나 상황극은 모두 발명품을 주제로 이루어진 이야기들로서 우리 생활 속의 발명을 자연스럽게 이끌어 내는 데 매우 효과적이고 쉽게 접목될 수 있었습니다.

❸ 발명 동기 유발의 효과가 크다

흔히 발명은 과학적 사고를 할 수 있는 사람만 가능한 것으로 알고 있습니다. 그래서 '모든 사람이 발명을 할 수 있는 것은 아니다'라는 사고를 갖고 있습니다.

그런데 상황극을 접한 후부터는 사물을 바라보는 시각이 달라졌고, 접근 방법이 달라졌습니다. 그래서 발명가처럼 발명의 주인공이 되어 생활 속에서 자연스럽게 발명을 이끌어 내는 발명 동기 유발의 효과가 매우 커졌습니다.

맛있는 호두를 먹기 위해서는 호두껍질을 벗겨야만 하고, 한 번 벗긴 호두껍질은 호두를 먹기 위해 더 이상 벗길 필요가 없습니다. 이와 마찬가지로 발명에 대한 접근적 이해에 변화를 가져오면, 다음 단계인 발명을 위한 교육적 접근이나 발명교육을 위한 교육적 접근에 있어서 매우 쉽게 교육을 시작할 수 있고 전달력도 높아집니다.

❹ 자연스러운 아이디어 발상을 이끌어 낸다

발명 구연이나 발명 상황극은 그 속에서 자연스러운 발명 이해 및 단계적 접근이 무의식적으로 뇌에 전달되어 기억에 남게 됩니다.

이렇게 여러 차례의 발명 사례적 상황이 뇌 속에 기억되면, 뇌는 동일한 상황이 발생했을 때 나도 모르는 사이에 "아하, 아이디어"라고 떠올리게 되는 것입니다.

〈사례〉

○ 대상 : 7세(남녀)

○ 시간 : 매주 1회 50분

○ 기간 : 4개월(16주)

○ 내용 : 발명 구연과 상황극(캐릭터 전달)을 통해 본 발명 이야기

○ 방법 :

  1) 매주 다른 발명 사례를 구연과 상황극(캐릭터)을 통해 교육(시청각 교육)

  2) 발명품에 대한 준비 도안을 배포하기

  3) 아이디어 스케치(발명품에 대한 준비 도안 완성하기 또는 아이디어 발상을 통한 스케치)

4) 활동 : 준비된 도구를 배포하여 개인별 창작품 만들기

○결과 :

1) 아이디어 발상에 교육적 효과가 뛰어남.

아이디어 스케치/도안 완성(개인별 아이디어 발상)

2) 아이디어 발상 : 개별 활동을 통한 창작품 완성/조형 활동

❺ 참여도가 높다

발명 구연과 발명 상황극을 할 경우 연극을 보는 것처럼 관객의 집중도가 매우 뛰어났습니다. 상황이 펼쳐질 때마다 문장에서 나타나는 기승전결처럼 '발명의 동기-과정-아이디어-발명 단계'로 이어져 발명의 단계를 습득하게 됩니다.

이는 학문적 접근이나 교육이 아니라 시청각 교육을 통한 체험형 교육으로 접목됩니다. 이 접목은 상황에 따라 등장인물이나 사물들을 추가로 등장시킴으로써 참여하는 그룹 속의 모든 학생들의 참여도와 집중도를 높일 수 있는 방법입니다. 대학의 교육과정 중에도 상황극을 적용하여 진행했을 경우 흥미도가 높았을 뿐만 아니라 참여도와 전달 효과가 뛰어났습니다.

3. 활동 중심 교육 프로젝트

초등 교육과정 중 실과 교육에 있어서 노작 교육은 발명교육을 접근해 나가는 데 가장 적합한 활동 교육이라고 할 수 있습니다. 노작 교육이 이루어지는 노작 활동 자체에 그 목적을 부과함으로써 다양한 노작 활동을 통해 학습자의 사고를 노작으로 표현할 수 있으며, 또한 개인의 창의적 사고를 발산할 수 있는 기회를 교육적으로 제시할 수 있기 때문입니다. 노작은 실과 교육에서 일에 대한 체험이 이루어지는 실용적 기능 습득을 넘어 학습자 개인의 정신과 신체 활동의 융합적 사고가 노작 활동으로 표출되어 나타나기 때문에, 발명교육에 있어 노작 활동은 그동안 발명교육을 교과교육에 접목할 수 있는 방향이나 방법적 고민을 해결할 수 있는 활동이라고 할 수 있습니다.

즉, 발명은 학습자 개개인의 지적인 부분과 정신적 사고의 가치관이 융합되어 사고를 형성하고 이것이 신체적 활동으로 표현되어야 하는 것이므로 이 융합적 내용을 담을 수 있는 가장 적합한 교육이 실과 교육에서의 노작 교육이라고 설명할 수 있습니다.

따라서 발명교육을 위한 활동 중심 교육 프로젝트는 학습자의 다양한 지적 사고력을 자극하고, 융합적 사고를 할 수 있도록 기회를 제공하는 학습으로 교육과정이 이루어져야 합니다. 이를 위해 활동 중심 교육 프로젝트는 다양한 활동을 학습 주제로 선정하여 프로젝트 수업으로 진행할 수 있습니다.

미취학 아동과 초등교육에 있어 활동 중심 교육 프로젝트는 창의적 체험활동 시간을 이용하여 프로젝트 수업으로 교과 과정과 활동을 연계하여 교수 · 학습을 설계할 수도 있습니다.

예를 들어 과학의 경우, 우리나라의 과학 교육은 교과학습에서는 매우 이론적 접근이 많기 때문에 학생들의 학습적 흥미도 유발이 매우 낮은 편이지만, 이를 활동 중심의 과학 교육으로 접목할 경우 학습의 흥미도 유발은 달라질 수 있습니다.

질문의 사례를 들어보면 다음과 같습니다.

이와 같이 과학적 영역을 생활 과학으로 풀어 질문을 나열한 후 이를 프로젝트 수업으로 만들어 진행해 보는 것입니다. 이 중 과학실험 영역은 프로젝트 한 부분으로 진행될 수 있습니다.

그런데 중요한 것은 과학이 발명의 전체를 차지하지는 않는다는 것입니다. 과학적 사고나 내용이 발명의 일부를 차지할 수 있고, 이론적 적용이 가능하기도 하지만, 생활 속 발명의 전체를 차지하지는 않습니다. 그래서 발명교육을 위해 과학교육의 실험교육이나, 키트, 퍼즐 등의 활동은 발명을 위한 하나의 노작 교육 중 하나로 해석할 수 있습니다.

4. 재활용품을 활용한 조형 활동으로 교육하라

재활용을 활용한 조형 활동으로 발명교육을 하는 것은 제 자신에게도 매우 흥미롭고 재미있는 놀이형 교육이었습니다. 날마다 늘어나는 재활용품의 양으로 연구소의 창고가 쓰레기장처럼 되기는 했지만, 저는 그때마다 쓰레기가 아닌 새로운 재활용품의 발견이라고 하는 희열을 느끼며 혼자 웃음을 짓곤 했었습니다.

재활용품은 모든 발명교육 대상자에게 활용할 수 있고, 적용 가능하며, 다양한 아이디어를 창출할 수 있는 최고의 교육 재료였습니다.

〈교육 방법〉

○대상 : 유 · 초 · 중 · 고 · 대학생

○방법 :

1. 연령에 따라 재활용품의 수를 달리하여 준비하기

2. 재활용품 고르기(한 가지 분야로 통일하여 재활용품을 고를 수도 있고, 서로 다른 분야의 재활용품을 각각 준비해도 된다. 이때 모두 다른 회사의 제품을 고른다.)

3. 제품의 케이스 분석, 구성 요건 등을 파악하기

4. 아이디어 스케치하기

5. 준비한 재료를 활용한 조형 활동(이때 재료는 재활용품을 활용하는 방법도 좋고, 새로운 재료를 가지고 조형 활동을 해도 좋다.)

5. 시청각 자료(신문)를 활용하여 교육하라

시청각 자료라 함은 시청각 교육이 가능한 다양한 자료들이 모두 포함됩니다. 그중 필자는 발명교육의 많은 부분에 신문을 주로 활용하였습니다.

신문은 이미 초 · 중 · 고등학교 교과 과정 속에서 'NIE 교육'이라고 하여 교육적으로 활용된 적이 있으므로 그리 낯설지 않은 소재입니다.

어린이와 청소년들이 교과서조차 멀리하는 시대에 신문이라는 종이류는 매우 새로운 감성을 접목시켜 적용할 수 있을 뿐만 아니라, 신문 속에 담긴 여러 내용을 잘 활용한다면 다음과 같은 발명교육적 접목도 가능합니다.

첫째, 신문 자체로 발명교육이 가능합니다.

신문은 신문 자체로 조형 활동에 있어서 매우 좋은 재료입니다. 아이디어를 스케치한 후 진행하는 신문 조형 활동 수업은 조작 및 제작 능력을 키우는 데 유용하였습니다. 이때 제한된 신문을 사용하기도 했으며, 그룹으로 나누어 신문을 종합하여 조형 활동 수업을 추진하기도 했습니다.

중요한 것은 아이디어를 스케치한 후 그 스케치를 가지고 조형물을 직접 만들어 본다는 데 있습니다. 이는 아이디어 스케치(창의적 사고)를 창의적 활동으로 이끌어 내는 활동이었으며, 이 과정에서 창의력, 창작적 사고 능력이 길러지는 효과를 얻게 되었습니다. 이러한 효과는 아이디어가 필요한 발명교육에 쉽게 접목할 수 있었습니다.

둘째, 신문 속 내용을 활용하여 발명교육이 가능합니다.

신문 속에는 다양한 정보가 들어 있습니다. 필자는 신문 속에 있는 다양한 정보들을 활용하여 발명교육을 추진하였습니다. 예를 들면 다음과 같습니다.

1) 예시

〈광고 지면 활용하기〉

발명교육은 아이디어 창출이 매우 중요한 역할을 합니다. 그래서 아이디어를 얻기 위해 신문의 광고 지면을 살펴보면 다양한 사례들을 찾아볼 수 있습니다. 다양한 사례란 광고 지면에만 해당되는 것이 아닙니다. 각 지면 하단에 수록된 부분적인 광고도 해당되며, 칼럼마다 수록된 광고 사진들도 해당됩니다. 이와 같은 광고 지면 속에서 우리는 트렌드 읽기를 공부할 수 있습니다.

광고 지면 속에서 트렌드를 읽는 능력은 하루아침에 길러지지 않습니다. 이 교육과정을 한 학기 동안 일정한 수업 시간을 정하여 추진·진행해 본 결과, 아이디어를 얻는 데 필요한 시기적 트렌드를 찾아내는 데 유용하였습니다. 이와 같이 신문 속 광고 지면은 훌륭한 아이디어 발상을 위해 유익합니다.

2) 주제 및 내용을 활용한 트렌드 읽기

앞에서 필자는 발명교육 방법에 있어서 '프로젝트 접근법'을 소개한 바가 있습니다. 이때 '발명 프로젝트'를 추진할 경우 그 한 가지 주제로 NIE를 잡았었습니다.

신문을 활용한 다양한 교육 중 지면에 수록된 내용은 여러 가지 방법으로 교육에 활용되었습니다. 사설을 읽은 후 토론을 하기도 하였고, 그 배경을 찾아내는 토론도 했습니다. 신문에 수록된 하나의 주제를 찾아내어 그 주제에 담긴 다양한 사고 확산에 대한 수업도 했습니다. 예를 들면 마인드맵 적용을 해 보는 것이었습니다. 이렇게 이끌어 낸 아이디어 발상은 발명을 위한 교육으로 접목해 나가는 데에도 도움이 되었습니다.

4

발명스토리텔링 효과

아이디어 발상 능력 향상 효과

    지식재산 교육에 있어서 아이디어 발상 교육은 초급 단계의 기초 교육이라고 할 수 있습니다. 집을 짓기 위해서는 주춧돌(소재)이 필요하며, 소재 선택도 매우 중요합니다. 즉, 주춧돌이 모퉁이 돌로서 어떻게 자리하느냐에 따라 집의 견고성과 수명이 정해집니다. 지식재산 교육도 이와 마찬가지라고 할 수 있습니다.

    아이디어 발상, 즉 아이디어 창출을 위한 교육은 훈련을 통해 이루어질 수 있습니다. 창의적 사고 능력을 키우기 위한 교육을 일정한 방법으로 일정한 기간 동안 훈련한다면 모든 사람은 필요한 시기, 필요한 장소에서 가장 최상의 아이디어를 창출할 수 있는 인재가 될 수 있습니다.

    필자는 이 사례를 축구 선수 손흥민에게서 확인했습니다. 축구 선수인 손흥민은 그의 아버지 손정민 씨에 의해 오랫동안 기초 훈련을 튼튼히 다지며 준비하여 왔습니다. 또한 지금까지도 팀 훈련 외에 기초 훈련을 하루도 빠짐없이 실시하고 있다고 합니다.

    손정민 씨는 축구 선수 시절에 기초 훈련을 통한 선수 배출의 중요성을 일찍이 깨닫고 우리나라 축구 훈련의 한계적 문제점을 수정하여 자신의 아들을 교육시켰습니다. 즉, 축구 선수로서의 자질을 키우며 대회용 훈련이 아니라, 공을 가지고 놀 줄 아는 선수로서 다양하게 수많은 시간을 성실히 기초 훈련을 시켰습니다.

그 결과 오늘날 손흥민 선수는 세계적으로 훌륭한 선수로 빛을 발하고 있습니다. 손흥민 선수가 받은 기초 훈련은 언제, 어디서든 자신에게 오는 기회의 골을 자신 있게 받아낼 수 있는 능력, 공을 찼을 때 슛으로 연결하여 성공시킬 수 있는 능력, 상대방에게 공을 패스하거나 받아 낼 수 있는 능력, 협력 관계에 의해 골을 넣을 수 있는 문전 추진력 등 모든 능력의 기초가 되었던 것입니다. 공을 가지고 마음껏 놀 수 있는 축구 선수, 그가 바로 손흥민 선수입니다.

지식재산 교육도 마찬가지입니다. 지식재산 강국을 위해 지식재산 교육의 현장이 이제 열렸습니다. 대한민국의 지식재산 교육은 IP 중심으로 교육이 진행되고 있습니다. 그러나 지식재산이 교육학으로 범국민적 교육이 되기 위해서는 평생교육적 접근에 의한 인문학 영역의 문학적 요소로 시작되어야 합니다. 그래야 모든 사람이 지식재산 교육에 참여할 수 있습니다.

지식재산 교육의 IP 영역 교육은 지식재산의 한 전문 분야일 뿐입니다. 일반 대학에서 이수하는 수업은 교양과 전공, 필수 전공 분야로 나뉘어져 있습니다. 왜 그런 걸까요? 전공에 관련 없이 기본적 교양을 학습해야 할 과목과, 전공에 따라 선택하여 들을 수 있는 선택 전공, 필수 전공이 있기 때문입니다.

지식재산 교육도 마찬가지입니다. 따라서 모든 사람이 지식재산에 대해 쉽게 이해하고 접근할 수 있도록 하기 위해서는 인문학적 수업인 스토리 수업이 매우 유익합니다. 발명스토리텔링은 지식재산 교육의 교양 수업을 위해 새롭게 탄생된 교양 교육과정이라고 할 수 있습니다. 한 학기의 교양 수업을 통해 지식재산에 대해 학습할 수 있습니다. 더 나아가 발명스토리텔링을 지도하고자 하는 자는 전문 교육과정을 선택하여 전문 교육 학습으로 전공 분야를 선택하면 됩니다.

발명스토리텔링은 아이디어 발상 훈련을 위해 탄생한 교육과정으로 이루어졌습니다. 이는 누구나 익힐 수 있는 발명스토리를 가지고 아이디어를 발상 또는 창출할 수 있도록 하기 위해서입니다.

여기서 '아이디어 발상 능력을 키우기 위한 교육은 무엇으로 해야 하는가'라는 질문이 나올 수 있습니다. 여기에 대해서는 다음 단원에서 답변을 드리고자 합니다. 이는 필자가 수년간 현장에서 아이디어 발상 및 창출 훈련을 위해 교육 방법, 교육 재료에 대한 연구를 거듭해 오면서 얻은 결과입니다.

아이디어 향상을 위한 방법

1. 아이디어 노트를 활용하라

아이디어 노트는 브레인스토밍과 마인드맵을 할 수 있는 노트입니다. 브레인스토 밍과 마인드맵은 아이디어 발상을 위해 여러 과목에서 사용되는 방법입니다. 그래서 이를 기록할 수 있는 노트를 만들었습니다.

아이디어 노트는 발명에 있어서 매우 중요하며 핵심적인 아이디어를 정리해 주는 노트입니다. 아이디어가 없으면 발명을 시작할 수 없습니다. 고민을 한다는 것은 과 정이지 고민의 동기도 아니며, 결과도 아닙니다. 따라서 아이디어를 만드는 일은 발 명의 첫 단추를 여는 중요한 일입니다.

아이디어의 시작이 잘못되면 시간과 돈, 노력을 모두 잃게 됩니다. 따라서 우리는 다양한 아이디어를 만들고 그중에서 나만이 할 수 있는 최고의 아이디어 하나를 선택 해야 합니다. 그 아이디어에서 다음 단계로 진행함으로써 아이디어의 구체화 과정으 로 넘어갈 수 있습니다.

1) 브레인스토밍이란?

브레인스토밍이란 1941년에 미국의 오스본이라는 사람에 의해 개발된 아이디어 발상 기법입니다. 현재 기업체나 교육 현장에서 아이디어 회의 때 많이 사용되고 있습니다. 이는 창의적 사고를 하도록 도와주고, 좋은 아이디어를 창출할 수 있도록 도와주는 기법이며, 어떠한 규제나 제한 없이 진행된다는 것이 장점입니다.

그 방법에 있어서는 다양한 접근이 가능합니다. 브레인스토밍은 '뇌의 폭풍'이라고 하는 사고적 접근을 사용합니다. 갑자기 일어나는 폭풍처럼 머릿속의 모든 사고를 한꺼번에 쏟아내는 것입니다. 이 속에서 분류와 가지치기, 고르기, 재탄생시키기, 아이디어 접목 등으로 하나의 발명 주제를 찾아내게 됩니다. 브레인스토밍은 개인 또는 그룹 단위로 추진하여도 좋습니다.

2) 마인드맵이란?

마인드맵은 아이디어 확산을 위한 아이디어 발상법이라고 소개할 수 있습니다. 한 가지 주제를 가지고 생각을 확산시킴으로써 한 가지 주제에 대해 넓고 깊은 시각의 사고를 이끌어 내는 방법입니다. 이 또한 아이디어 노트에 가장 기본적인 도안을 제시함으로써 생각을 이끌어 낼 수 있도록 하였습니다.

마인드맵은 1960년대 후반에 토니부잔이라는 사람에 의해 사고 확장을 위해 개발된 발상법입니다. 마인드맵도 학교 교육 현장이나 기업체에서 아이디어와 관련된 활동을 할 때 많이 사용되는 방법입니다.

지식재산 교육을 위해서는 생각 꺼내기 수업이 반드시 필요합니다. 왜냐하면 창의적 사고의 발상이 지식재산 개발에 있어 가장 기초적이고 중요한 부분을 차지하기 때문입니다. 따라서 필자는 아이디어 노트를 개발하여 아이디어 발상 교육을 시작하고 나서 지속적인 아이디어 발상과 창출을 위한 교육을 하는 방법을 추천합니다.

3) 아이디어 노트 활용 후 나타난 아이디어 발상 능력 향상 사례

ㅇ사례

• 장소 : 전시장

• 학습자 : 여고생

코엑스(COEX)에서 전시 행사 때 한 고등학교 여학생과 어머님을 만나게 되었습니다. 그때 아이디어 노트를 선물로 주며 간략한 교육을 실시하고 주제를 기록해 보도록 제안했습니다. 채 30분이 되지도 않은 시간 동안의 교육 결과는 그 여고생과 어머니에게 놀라움을 안겨 주었습니다.

아이디어 노트에 기록된 브레인스토밍과 마인드맵을 한 가지 주제를 가지고 기록한 후 모든 내용을 정리하는 생각 정리의 기회를 마련한 자리였는데, 이 속에서 어머니는 자녀의 생각과 고민을, 여고생은 자신의 진로와 잠재적 능력 분야를 찾아내게 된 것입니다.

그 여고생의 어머니는 자신의 자녀가 지닌 잠재 능력과 사고를 보고 깜짝 놀랐습니다. 즉, 자신의 자녀에게서 미처 알아보지 못했던 재능을 보고 놀라움을 감추지 못한 것입니다. 여고생 또한 스스로도 생각지 못했던 자신의 깊은 내면을 들여다보고 자신의 잠재 능력을 확인하며 기쁜 마음을 갖게 되었습니다.

이러한 여러 사례들은 10년이 지난 지금까지도 교육 현장 곳곳에서 나타나고 있습니다. 미취학 어린이, 초등학생, 중·고등학생, 대학생 등 그 연령과 대상의 남녀 구분 없이 아이디어 노트를 활용한 생각 꺼내기(아이디어 발상) 수업은 매우 흥미롭고 재미있었습니다. 뿐만 아니라 학생의 진로 지도와 선택을 돕는 데 있어서 새로운 접근에 의한 교육 방법과 노트가 되었습니다.

2. 아이디어 메모 수첩을 활용하라

아이디어 발상 교육에 있어서 아이디어 메모는 매우 필요합니다. 필자 또한 발명을 시작한 처음부터 지금까지 제 곁에는 항상 아이디어 노트가 있었습니다. 아이디어는 언제, 어디선가 시간과 장소를 예측할 수 없이 떠오릅니다.

그런데 더 중요한 것은 아이디어가 보이지 않는 무형인 것처럼 보이지 않게 왔다가 보이지 않게 사라진다는 점입니다. 따라서 순간 번쩍거리는 아이디어가 떠올랐을 때 이를 기록해 두지 않으면 잊어버리고 맙니다. 아무리 다시 생각하려고 해도 아이디어는 다시 떠오르지 않습니다.

메모의 중요성은 저뿐만이 아니라 아이디어를 생각해 내는 많은 학생들, 성인들을 대상으로 하여 수업을 진행했을 때에도 절감한 대목입니다. 그래서 아이디어는 떠오를 때 기록해 두는 메모 습관이 필요합니다. 일반 수첩과 아이디어 메모 수첩은 다릅니다.

아이디어는 메모의 양과 습관에 따라 그 속에서 많은 정보를 얻기도 하고 재탄생시키기도 할 수 있는 지식재산의 원천 재료에 속합니다. 그러므로 아이디어 메모 수첩을 별도로 만들어 적극 활용하는 것은 매우 중요한 일이며, 그 사용 대상은 연령에 제한이 없다고 하겠습니다. 아이디어 메모, 이제는 생활입니다.

3. 현장에 함께하라

발명교육에 있어 현장 체험은 매우 중요합니다. 그렇다고 모든 학생을 체험장으로 불러낼 수는 없습니다. 현장 속에서 볼 수 있는 것과 느낄 수 있는 것, 생각할 수 있는 것들이 발생하며, 현장에서 볼 수 없는 것들은 교실에서 영상물로 대체하여 현장감을 느껴 보도록 할 수 있습니다.

현장을 통해 이루어지는 동기 부여 교육은 교사나 부모가 생각한 것 이상으로 아이들에게 다양한 사고의 기회를 제공해 주는 좋은 교육입니다. 따라서 주입식 교육이 아닌 창의적 사고 능력을 키우기 위한 현장 교육은 매우 좋은 교육 방법이라고 할 수 있습니다.

단, 체험 학습에 의해서만 활동 수업이 끝나는가, 아니면 필요 교육에 따른 현장 체험 교육이 이루어졌느냐는 차이가 있습니다. 활동 수업으로서의 체험 학습은 탐방으로 끝나지만, 주제 교육을 위해 이루어진 현장 체험 교육은 지속 교육으로 그 효과가 나타나는 것입니다.

특히 발명교육에 있어 체험 학습은 발명품과 관련된 현장 체험이 이루어지는 것이므로 발명에 대한 이해가 빠르고 좀 더 효과적인 발명으로 발전하게 됩니다. 그리하여 '발명 프로젝트' 수업은 매우 다양한 학습 방법을 접목하여 교육이 이루어지지만 그 결과물은 한 가지의 '발명품'으로 나타나게 되는 것입니다.

4. 아이디어 발상 교육 및 훈련이 멈추었을 때 나타나는 현상

지식재산 교육에 있어서 아이디어 발상 교육은 기초 교육이자 매우 중요한 교육 영역이라고 할 수 있습니다. 그래서 필자는 '아이디어 발상 중심의 기초 교육'을 6~7세 남녀 아동에게 4개월 동안 일정 시간, 일정 기간 동안 실시해 보았습니다.

그 결과 자연스럽게 창의적 사고 능력 향상과 발상이 나타나는 것을 보게 되었습니다. 이후 한 가지 질문을 던지게 되었습니다.

"만일 아이디어 발상 훈련을 멈추게 되면 어떤 일이 일어날까?"

– 멈추기 전과 동일하게 아이디어가 떠오른다. (10% 미만)

– 아이디어가 더 이상 떠오르지 않는다. (90% 이상)

– 아이디어의 한계를 느낀다. (80% 이상)

아이디어 발상 교육이 없을 때에는 더 이상 새로운 아이디어가 창출되지 않았고, 그 횟수가 상당히 줄어든 것을 볼 수 있었습니다. 여기에서 아이디어 발상 교육은 단순한 교육만이 아니라 지속적인 훈련 교육이 필요하다는 것을 알게 되었습니다.

5. 아이디어 발상 교육을 통해 나타난 학습 효과

아이디어 발상 교육을 통해 나타난 학습 효과를 20세 전과 후로 나누어 교육한 결과 다음과 같은 결과에 도달하게 되었습니다.

〈아이디어 발상 교육과 학습 효과〉

1. 대상	20세 전(초등학생 8~13세)	20세 후(대학생 20~25세)
2. 참여 인원	30명	120명
3. 기간	4개월 교육과정	4개월 교육과정
4. 내용	a. 발명스토리텔링 아이디어 발상 훈련 b. NIE 활용 아이디어 발상 훈련	a. 발명스토리텔링 아이디어 발상 훈련 b. NIE 활용 아이디어 발상 훈련
5. 결과	23명 / 아이디어 창출 5명 / 아이디어 창출 부족 2명 / 포기	85명 / 아이디어 창출 15명 / 아이디어 창출 부족 20명 / 포기
6. 효과	다양한 아이디어 창출	전공에 따른 다양한 아이디어 창출
7. 발상 훈련 효과	a. 있다.(90% 이상) b. 아이디어가 지속적으로 창출되었다.(90% 이상)	a. 있다.(85% 이상) b. 아이디어가 지속적으로 창출되었다.(70% 이상)

위와 같은 연구를 하며 지식재산 교육에 있어 발명교육의 기초 영역은 아이디어 발상 및 창출을 위한 창의 교육 중심으로 이루어져야 한다는 결론에 이르게 되었습니다.

그리고 아이디어 발상 및 창출 중심의 교육은 훈련으로 이루어질 수 있으며, 이런 과정에서 다수의 아이디어 수집이 가능하며, 또 그 가운데에서 우수한 아이디어는 특허 상품으로서 지식재산 교육으로 발전·진행해 나갈 수 있는 것입니다. 이런 과정은 중·고등학교 학생 및 중·장년들의 진로 설정 및 기술 창업에도 큰 도움이 될 것입니다.

【부록 1】 창의적 체험활동 평가표(예시)

생활용품 만들기 평가표

제　학년　　반　　이름 : ＿＿＿＿＿＿＿＿

단계	평가 항목	평가 기준	평가 점수		
			학생	교사	합계
구상하기	창의적인 제품을 구상하였는가?	상 : 창의적인 제품이 구상되었다.			
		중 : 부분적으로 창의적인 제품이 구상되었다.			
		하 : 대부분 다른 제품을 모방하였다.			
	물건의 크기가 적절한가?	상 : 제품과 비교하여 크기가 적절하다.			
		중 : 제품과 비교하여 크기가 부분적으로 부적절하다.			
		하 : 제품과 비교하여 크기가 대부분 부적절하다.			
만들기	모둠원들의 역할 분담은 적절하게 이루어졌는가?	상 : 모든 모둠원들이 협동하여 과제를 수행하였다.			
		중 : 일부 모둠원들이 협동하지 않았다.			
		하 : 모든 모둠원들이 협동하지 못했다.			
산출물	산출물은 구상도대로 만들어졌는가?	상 : 산출물이 구상도대로 만들어졌다.			
		중 : 산출물이 구상도와 부분적으로 다르다.			
		하 : 산출물이 구상도와 매우 다르다.			
	산출물을 창의적으로 만들었는가?	상 : 산출물에 참신한 아이디어가 들어가 있다.			
		중 : 산출물에 부분적으로 참심한 아이디어가 들어가 있다.			
		하 : 산출물에 아이디어가 들어가 있지 않다.			
	산출물을 정교하게 마무리하였는가?	상 : 산출물을 정교하게 마무리하였다.			
		중 : 산출물이 부분적으로 거칠다.			
		하 : 산출물이 매우 거칠다.			
총평			개인점수		

【부록 2】 창의적 체험활동 평가 루브릭(예시)

제 　학년 　반 　이름 : ______________

평가 항목	평가 요소	배점
아이디어	상 : 창의성 및 기능성이 많이 발휘되었으며, 제품의 스케치를 아주 상세하게 잘 나타내었다.	
	중 : 창의성 및 기능성은 발휘되었으나 아주 단순하게 제품을 스케치하였다.	
	하 : 창의성 및 기능성이 전혀 없으며 제품을 제대로 나타내지 못하였다.	
스케치	상 : 창의적인 아이디어를 풍부하게 제시하여 나타내었다.	
	중 : 부분적으로 창의적인 아이디어를 나타내었다.	
	하 : 창의적인 아이디어를 나타내지 못하였다.	
포트폴리오	상 : 포트폴리오를 단계별로 작성하고 관리하였다.	
	중 : 포트폴리오의 계획이 수립과 자료제시, 활동 내용의 제시 등이 미흡하였다.	
	하 : 포트폴리오를 전혀 작성하지 않아 제출하지 못하였다.	
실습 태도	상 : 작업 중 재료와 공구의 정리 정돈이 잘되었으며, 활동에 적극 참여하였다.	
	중 : 재료와 공구의 정리 정돈은 잘되었으나, 작업 후의 뒷정리가 부족하였다.	
	하 : 정리 정돈이 되지 않고 작업 후의 뒷정리도 잘되지 않았다.	
산출물	상 : 산출물의 기능이 우수하고 창의적이다.	
	중 : 산출물에 부분적으로 창의성이 부족하다.	
	하 : 산출물에 창의성이 없고 완성되지 못하였다.	
보고서	상 : 보고서가 충실하고 반성적인 평가와 개선점을 제시하였다.	
	중 : 보고서가 충실하게 작성되었으나, 반성적인 평가와 개선점이 없다.	
	하 : 보고서가 충실하게 작성되지 않았으며, 반성적인 평가와 개선점이 없다.	
비고	• 3점 척도 : 상(3점), 중(2점), 하(1점) • 5점 척도 : 상(5점), 중(3점), 하(1점) • 10점 척도 : 상(10점), 중(5점), 하(1점)	

【참고 문헌】

- 교육부(2009). **2009 개정 교육과정에 따른 실과(기술·가정) 교육과정**, 교육부 고시 제 2011-361호[별책10].
- 교육부(2015). **2015 개정 교육과정에 따른 실과(기술·가정) 교육과정**, 교육부 고시 제 2015-74호 [별책10].
- 김대현 외(2001). **프로젝트 학습의 운영**, 서울 : 학지사.
- 김민주·송희령 역(2003). **기업 혁신을 위한 설득의 방법-스토리텔링**, 서울 : 에코리브르.
- 김용익(2016). 교육대학교에서 스토리텔링을 활용한 발명 수업 설계 방안, **한국실과교육학회지, 29**(4), pp.89~110.
- 김익현(2003). **인터넷 신문과 온라인 스토리텔링**, 서울 : 커뮤니케이션북스.
- 김정희(2004). **프로젝트 학습 활동을 통한 자기 주도적 학습 능력 신장**, 대구교육대학교 석사학위논문.
- 김제향(1998). **프로젝트 접근법이 초등학교 아동의 과제 성취도, 자아 개념 및 프로젝트 수행 능력에 미치는 영향**, 동아대학교 석사학위논문.
- 김희욱(2015). 함께하는 수업, 'PBL'을 아시나요?(http://nakeddenmark.com/archives/5570)
- 김희태·백순근(2010). **유아 교육 평가**, 한국방송통신대학교출판부.
- 리차드 레스탁·김현택·류재욱·이강준 역(1993). **나의 뇌, 나의 나(I)**, 서울 : 예지문.
- 박순자(2002). **교과 통합형 프로젝트 활동이 자기 주도적 학습 능력에 미치는 효과**, 대구교육대학교 석사학위논문.
- 박아름(2014). **초등학교 저학년 학생을 위한 스토리텔링 발명 수업에서의 창의적 문제 해결 과정 분석**, 서울교육대학교 교육대학원 석사학위논문.
- 박은경(2000). **프로젝트 접근법이 초등학교 저학년의 자기 주도적 학습력 및 과제 수행 능력과의 관계**, 서울교육대학교 석사학위논문.
- 신두철 외 역(2007). **시민 교육 방법 트레이닝**, 서울 : 엠-에드.
- 안지현·박은영(2016). 아이디어 발상 기법에 기반 한 에듀게임 콘텐츠 제안 — 스토리텔링형 발명 게임을 중심으로, **브랜드디자인학회지, 40**(4), pp.310~318.
- 이경애(2000). **초등 실과 교육을 위한 프로젝트 수업 모형의 구안 및 효과에 관한 연구**, 부산교육대학교 석사학위논문.
- 이경화·최병연·박숙희 공역(2004). **창의성 계발과 교육**. 서울 : 학지사.
- 이상수(2005). **실과 재활용품 만들기 단원에서 프로젝트 접근법이 과제 수행 능력과 환경에 대한 태도에 미치는 효과**. 한국교원대학교 박사학위논문.
- 이상훈(2002). **인터넷 활용 프로젝트 학습이 자기 주도적 학습 능력과 학업 성취도 신장에 미치는 영향 : 5학년 사회과를 중심으로**. 경인교육대학교 석사학위논문.
- 이정심(2003). **프로젝트 학습이 학생의 자기 주도적 학습 능력 및 학업 성취에 미치는 효과**. 광주교육대학교 석사학위논문.
- 이춘식(1989). **중학교 기술과의 제조 기술 수업에서 프로젝트 교수법이 학생의 학업 성취에**

미치는 **효과**. 충남대학교 석사학위논문.

- 이춘식(2005). 기술 수업에서 프로젝트 학습의 절차. **교육과학연구**, 36(2), pp.231~252.
- 이춘식(2006). 실과 목공 수업에서 프로젝트 학습의 효과. 경인교육대학교 **교육논총**, 26(2), pp.195~209.
- 이춘식 · 이수정(2003). 중학교 기술 · 가정과 교수 · 학습 방법과 예시 자료 개발 연구. 연구보고서 2003-7. 서울 : 한국교육과정평가원.
- 이춘식 외(2006). 정규교과를 통한 발명교육 프로그램 개발. 특허청.
- 이해주 · 최운실 · 권두승(2001). 평생교육 프로그램 개발. 한국방송통신대출판부.
- 이희경 · 이춘식(2017). 발명 지도사 양성을 위한 교육 프로그램 개발. **한국실과교육학회지**, 30(3), pp.81~97.
- 장원근(1998). **초등 통합 교과 프로젝트 학습이 아동의 학업 성취에 미치는 효과**. 한국교원대학교 석사학위논문.
- 정재삼(1996). 교수 설계(ID)와 교수 체재 개발(ISD)의 최근 경향과 논쟁. **교육공학연구**, 12(1), pp.41~74.
- 정진옥(2004). **주제 통합 프로젝트 학습이 자기 주도적 학습 능력에 미치는 효과**. 광주교육대학교 석사학위논문.
- 지옥정 역(1997). **프로젝트 접근법**. 서울 : 창지사.
- 지옥정 역(1995). **프로젝트 접근법 — 교사를 위한 실행 지침서**(S, C Chard 저, The project approach - A Practical Guide Teacher). 서울 : 창지사.
- 지옥정(1996). **프로젝트 접근법이 유아의 학습 준비도 — 사회 · 정서 발달, 자아 개념 및 프로젝트 수행 능력에 미치는 효과**. 한국교원대학교 석사학위논문.
- 지옥정(2001). **초등 통합 교과 프로젝트 학습이 아동의 학업 성취에 미치는 효과**. 한국교원대학교 석사학위논문.
- 최인숙(2009). **과학 주제 중심 다중 지능 통합 교육**. 서울 : 학지사.
- 특허청(2007). **지식재산권 입문**. 서울 : 성민출판사.
- 하순련 · 오영희(2001). **프로젝트 접근 방법의 이론과 실제**. 서울 : 양서원.
- 한용환 · 변지연 역(2001). **사이버 서사의 미래-인터랙티브 스토리텔링**. 서울 : 안그라픽스.
- Dalimonte, C., Carpenter, T., & Thompson, L.(2016). Exploring Europe through project-based learning. Retrieved from https://worldview.unc.edu/files/2016/03/ dalimonte.pdf.
- Katz, L. G. and Chard, S. C.(1989). *Engagin children's mind*, NY : Albex.
- Kilpatrick, W. H.(1918). The Project Method. *Teachers College Record*, 19, pp.319~335.
- Reigeluth, C.(1983). *Instructional design theories and models : An overview of their current status*. Hillsdale, NJ : Erlbaum.
- Rothwell, W., & Kazanas, H.(1992). *Mastering the Instructional Design Process : A Systematic Approach*. San Francisco, CA : Jossey-Bass Pub.
- Skager, R. W.(1078). *Organizing school to encourage self-direction in learners*. Hamburg : Pergamon, UNESCO Institute for Education.
- Thomas, J. W.(2002). Project Based Learning Handbook. BIE(Buck Institute for Education).

선생님!
발명스토리텔링 들려주세요

초판 1쇄 인쇄 2018년 3월 20일
초판 1쇄 발행 2018년 3월 25일

발행인 박해성
발행처 정진출판사
지은이 이희경, 이춘식
편집 김양섭, 조윤수
기획마케팅 이훈, 박상훈, 이민희
디자인 디자인톡톡
출판등록 1989년 12월 20일 제 6-95호
주소 02752 서울시 성북구 화랑로 119-8
전화 02-917-9900
팩스 02-917-9907
홈페이지 www.jeongjinpub.co.kr

ISBN 978-89-5700-154-7 *13370

- 본 책은 저작권법에 따라 한국 내에서 보호받는 저작물이므로 무단전재와 복제를 금합니다.
- 이 도서의 국립중앙도서관 출판예정도서목록(CIP)은 서지정보유통지원시스템 홈페이지(http://seoji. nl.go.kr)와 국가자료공동목록시스템(http://www.nl.go.kr/kolisnet)에서 이용하실 수 있습니다. (CIP제어번호 : CIP2018007169)
- 파본은 교환해 드립니다. 책값은 뒤표지에 있습니다.